圖解

內臟・神經・循環系統

醫護專業的解剖學精要

飯島治之、飯島美樹——著

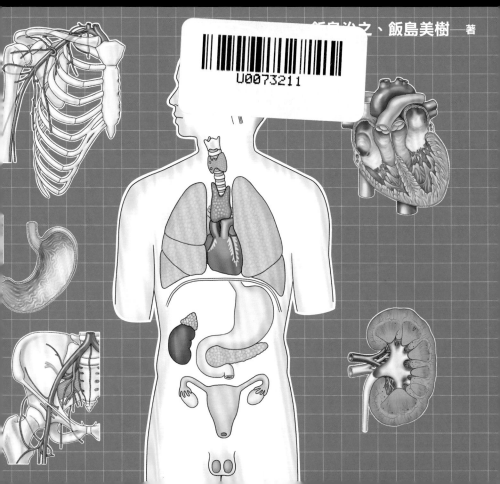

前言

　　我們在撰寫本書時，正值新冠病毒疫情的高峰期。全國的大學和護理學校都改以線上遠距教學為主，這應該令許多學生感到不知所措吧。在這種狀況下，也有不少學生必須自主學習。但是，解剖學等科目所提供的教科書，資訊量太過龐大，密密麻麻地寫滿了艱深的詞句，或許也讓一些學生完全不知道究竟該熟讀到什麼程度才好。

　　本書著重於「精美的插圖」和「彙整過的資訊」，目標是製作出最適合學生自主學習的參考書。

　　本書是彙整了內臟類、循環系統類、神經類的知識。右頁的篇幅稍微多了些，因為在理解內臟類的器官時，除了構造外，也必須了解其生理機能，所以本書盡可能收錄更多機能相關的資訊。

此外，循環系統類、神經類裡包含許多有名稱的血管和末梢神經，資訊量過於龐大，因此不得不省略許多部分。不過本書收錄了醫療從業人員必備的知識，希望相關人士能夠運用本書自主學習。

本書的發行，要誠摯感謝插畫師小堀文彥、設計師清原一隆，以及技術評論社全體同仁的傾力相助。

2022年4月　飯島治之、飯島美樹

目次

第1章　內臟

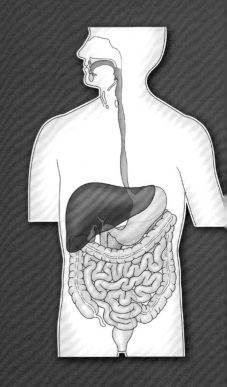

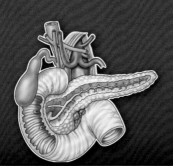

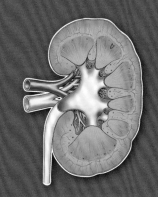

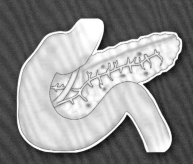

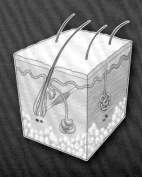

第2章　循環系統

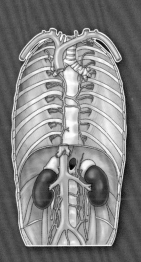

第3章　中樞神經

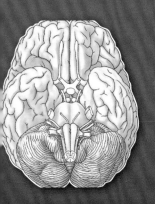

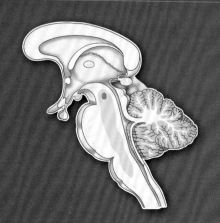

第4章　末梢神經

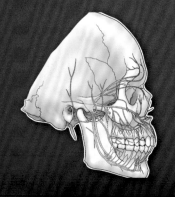

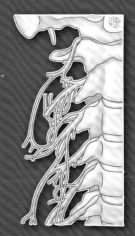

※本書各項目的撰稿人如下。
◆飯島治之……泌尿系統、生殖系統、內分泌系統以外的項目。
◆飯島美樹……泌尿系統（p.50～55）、生殖系統（p.56～59）、內分泌系統（p.68～77）

本書的閱讀方法

　　對各位輔助醫護人員來說，解剖學是必備的知識。但由於需要熟記的東西涵蓋許多方面，導致不常用的知識很容易就沉入記憶深處。「這個部位叫什麼來著？」「我記得這裡的功能好像是……」本書是為了讓各位在產生這些念頭的時候可以馬上「喚醒知識」，而特地編排了這些內容。

★ **標題**

解說的部位名稱或總稱。

★ **英文標題**

標題的英文說法。
如果是包含多種說法的部位，
則會標記其中最具代表性的。

★ **主要插圖**

針對該項目需繪製插圖，
標示出重要的部位，以及
最好要熟記的部位。

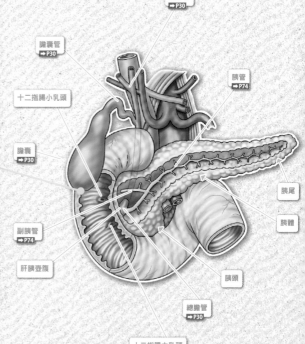

十二指腸和胰臟

【duodenum & pa

總肝管
➡P30

膽囊管
➡P30

十二指腸小乳頭

胰管
➡P74

膽囊
➡P30

胰尾

胰體

副胰管
➡P74

肝胰壺腹

胰頭

總膽管
➡P30

十二指腸大乳頭

24

★ 英文名稱

標示該部位的英文名稱。如果是包含多種說法的部位，則會舉出其中最具代表性的說法。

★ 部位解說

這裡嚴選了最好要熟記的內容，並加以精簡。

★ 彩色標籤索引

每一章都設定了主題顏色，並將顏色配置作為標籤索引。

十二指腸是小腸的起點、長度約25cm的管狀器官。外表有一層腹膜，
→P26 →P34
分球部、降部、水平部、升部。

十二指腸【duodenum】

十二指腸大乳頭 位於降部胰臟側的小凸起，中央的開口通往**總膽管**和**胰管**。
→P30
根部為**肝胰壺腹**，有奧迪括約肌。

十二指腸小乳頭 位於十二指腸大乳頭的上段，開口通往**副胰管**。

※**奧迪括約肌** 位於十二指腸大乳頭根部，負責調節膽汁的分泌。
→P31

十二指腸腺 又稱作布倫納氏腺，會分泌鹼性黏液，中和胃液。

胰臟【pancreas】
→74
位於胃的後下方、腹膜後面的細長器官，又分為**胰頭、胰體、胰尾**。胰頭
→P22 →P34
連接十二指腸，胰尾連接脾臟。中央有**胰管**貫穿，胰管與總膽管匯合後穿
→P126 →P30
入十二指腸（**十二指腸大乳頭**）。還有來自胰臟背側的副胰管。胰臟由外分泌
部與內分泌部（朗格漢斯島）構成。
→P74

外分泌部

其中的腺泡細胞會生成包含各種消化酵素（**澱粉酶、胰蛋白酶、胰脂酶**）和
碳酸氫根離子的胰液。

※**胰澱粉酶** 醣類分解酵素。

※**胰蛋白酶** 蛋白質分解酵素。沒有活性的胰蛋白酶原經轉換後，成為胰
蛋白酶能促使更多的胰蛋白酶原活化。

※**胰脂酶**（steapsin） 脂肪分解酵素。

※**碳酸氫根離子** 可以中和胃酸。

內分泌部（朗格漢斯島）
→P74
會分泌**胰島素、升糖素、體抑素**的內分泌組織。
→P75 →P75 →P75

★ 標記、記號

▶ 參照頁面
在其他頁面有解說・圖解的詞彙，會標記出參照頁碼。
例如： ➡ **P81** 代表在81頁有詳細的內容。

▶ 重要詞彙
重要的詞彙會用**粗體**標示。

★ 補充說明

與該項目有關、建議熟記的詞彙，會畫上底色並加上補充說明。

第 1 章

內臟

Internal organs

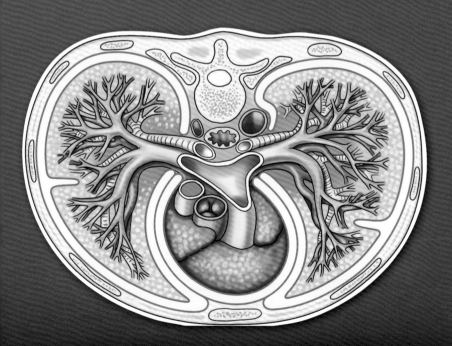

消化系統

【digestive system】

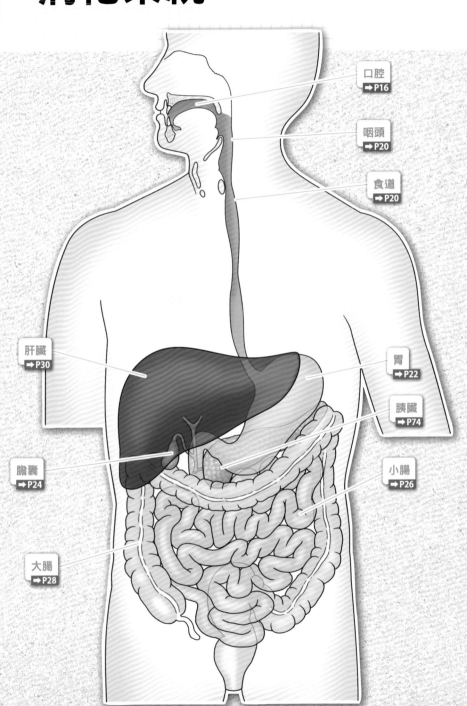

口腔
➡P16

咽頭
➡P20

食道
➡P20

肝臟
➡P30

胃
➡P22

胰臟
➡P74

膽囊
➡P24

小腸
➡P26

大腸
➡P28

消化系統是消化進食時，攝取食物、吸收營養的器官系統，由**消化道**和**附屬器官（消化腺）**所構成。

消化道【gastrointestinal tract】

從口腔連結到肛門的連續管狀器官的集合。

- **口腔** 位於臉部中央下方的消化道入口。
  →P16
- **咽頭** 接續口腔的管狀器官。食物和空氣的通道，具有吞嚥機能。
  →P20
- **食道** 縱貫胸腔、全長25〜30㎝的管道。
  →P20
- **胃** 位於上腹部左側的囊狀器官，負責暫時儲存、消化食物。
  →P22
- **小腸** 填滿腹腔、全長約6m的器官。又分為**十二指腸、空腸、迴腸**。
  →P26 →P24 →P26 →P26
- **大腸** 繞腹腔一周、全長約1.5m的器官。分為**盲腸、結腸、直腸**。
  →P28 →P28 →P29 →P28
  末端為**肛門**，開口通往體外。
  →P28

附屬器官【accessory organs of digestion】

附屬於消化道、輔助消化・吸收的腺體集合。

- **唾腺** 分布於口腔周圍，會分泌唾液、幫助消化。
  →P18
- **胰臟** 位於胃的下方後側，會分泌消化酵素和荷爾蒙。
  →P74 →P22
- **肝臟** 位於上腹部、胃右側的體內最大器官，負責營養方面的各種代謝作用。
  →P30
- **膽囊** 暫時儲藏膽汁的器官。
  →P24 →P31

口腔

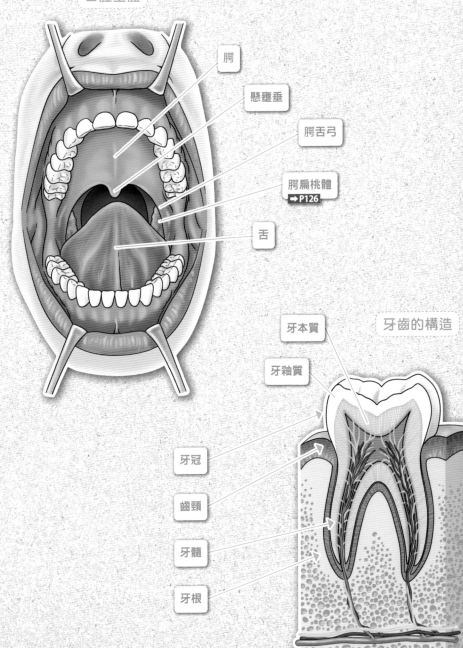

口腔全體

腭

懸雍垂

腭舌弓

腭扁桃體
→ P126

舌

牙齒的構造

牙本質

牙釉質

牙冠

齒頸

牙髓

牙根

口腔是指臉部中央下方的開口內空間，頂部是腭，側面是臉頰。內部覆蓋著黏膜，有牙齒和舌頭。腭又分為前方的**硬腭**與後方的**軟腭**。軟腭中央朝口腔凸出，形成**懸雍垂**。懸雍垂在吞嚥時會封閉後鼻孔。腭的兩側有**腭扁桃體**。

➡P126

●牙齒【tooth】

分布於口腔前面到側面的堅硬組織，共有32顆（恆齒）。根據形態分為門齒、犬齒、小臼齒、大臼齒。牙齒的結構分為**牙冠、齒頸、牙根**。具有物理性磨碎食物的功能。

- **牙釉質**　覆蓋於牙冠表面的堅硬透明結構。

- **牙本質**　牙齒堅硬的主體，含有許多鈣質（Ca）。

- **牙堊質**　填滿牙根與骨骼之間的堅硬組織。

- **牙髓**　牙齒中心的空洞，有神經和血管通過。

●舌【tongue】

位於口腔底部的結構，由黏膜和肌肉構成。從尖端起依序是**舌尖、舌體、舌根**。舌的黏膜是由複層扁平上皮構成，表面分布了無數個凸出的乳頭組織。舌屬於味覺器官，同時也涉及發音。

➡P63

- **舌乳頭**　舌表面的凸起，依形狀分為**絲狀乳頭、菌狀乳頭、葉狀乳頭、輪廓乳頭**4種。

  ＊輪廓乳頭　包含**味蕾細胞**，負責傳遞味覺資訊。
  ➡P62

- **舌肌**　分為舌外在肌與舌內在肌。

  ＊舌外在肌　頦舌肌、舌骨舌肌、莖突舌肌、顎舌肌。

  ＊舌內在肌　舌縱肌、舌橫肌、舌垂直肌。

唾液腺

【salivary gland】

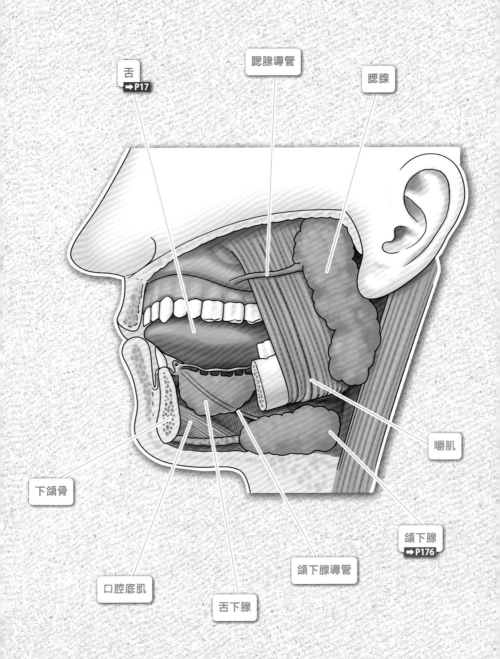

舌 ➡P17

腮腺導管

腮腺

下頜骨

口腔底肌

舌下腺

頜下腺導管

嚼肌

頜下腺 ➡P176

唾液腺是分布於口腔周圍、會分泌唾液的外分泌腺，又分為**大唾液腺**和**小唾液腺**。

◗大唾液腺【major salivary glands】

● **腮腺**　位於**耳廓**下方、會分泌漿液性唾液的腺體，含有唾液澱粉酶（ptyalin）。
　　　　➡P67
　　　　導管橫跨於臉頰內，開口位於口腔上方。

　※澱粉酶　將澱粉分解成麥芽糖的醣類分解酵素。

● **舌下腺**　位於舌底黏膜下層的混合性唾液腺，多條導管開口分布於舌下襞。

● **頜下腺**　位於下頜體內側，會分泌含黏液素的唾液。開口位於舌下腺乳突。
　　　　➡P176
　　※黏液素　有黏性的多醣類，能幫助嚼碎的食物形成團狀。

◗小唾液腺【minor salivary glands】

　　　分布於口腔周圍黏膜下方的小型唾液腺。包含**唇腺、腭腺、舌腺**等等。

　※唾液　無色透明的液態物，一日的分泌量約 $1.5\,\ell$。成分為水、澱粉
　　　　　酶、黏液素、溶菌酶等等。

　※溶菌酶　具有殺菌作用，負責保持口腔清潔。

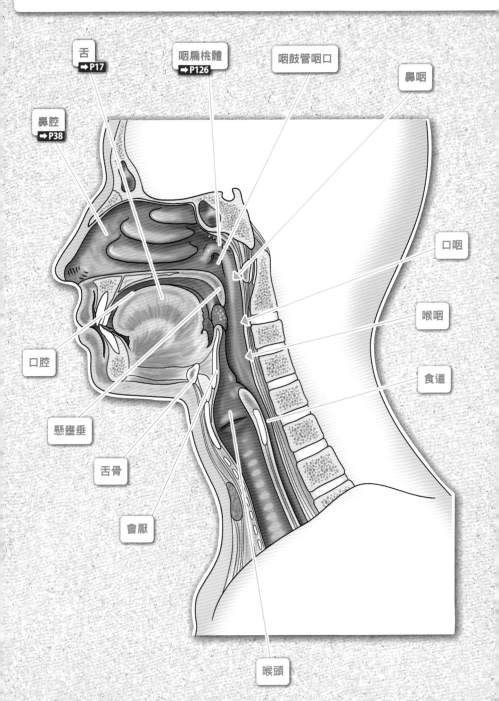

舌
➡P17

咽扁桃體
➡P126

咽鼓管咽口

鼻咽

鼻腔
➡P38

口咽

喉咽

口腔

食道

懸雍垂

舌骨

會厭

喉頭

咽頭是頸部上端的管狀器官，聯絡口腔和鼻腔，移行至食道和喉頭。又分為**鼻咽**、**口咽**、**喉咽**這3個部分。
➡P36 ➡P40

咽頭【pharynx】

- **鼻咽** 咽頭的頂端，連結後鼻孔。側面有咽鼓管的開口（**咽鼓管咽口**）。黏膜下層有咽扁桃體、咽鼓管扁桃體。➡P66 ➡P126 ➡P127

- **口咽** 咽頭的中段，連結口腔。

- **喉咽** 咽頭的下段，連結食道和喉頭。➡P40

- **咽壁** 由漿膜、肌層、黏膜組成，肌層是透過咽縮肌作用於吞嚥運動。側壁有喉頭上舉肌（莖突咽肌、耳咽管咽肌、咽腭肌）附著。

- **瓦爾代爾氏扁桃體環** 由分布於口腔和咽頭黏膜下層的扁桃體形成的構造。➡P127 在免疫機能尚未成熟的嬰幼兒時期會發揮顯著的作用。

食道【esophagus】

從頸部延伸到胸部、長25～30 cm的管道。管壁是由漿膜、肌層、黏膜組成。上段⅓的肌肉是延續到咽頭的骨骼肌，接著會逐漸出現平滑肌，直到下段⅓完全成為平滑肌。其中有3個生理性的狹窄處。

- **生理性狹窄處** 有3個：**食道開端處、氣管分岔處、橫膈食道裂孔處。**➡P42

胃

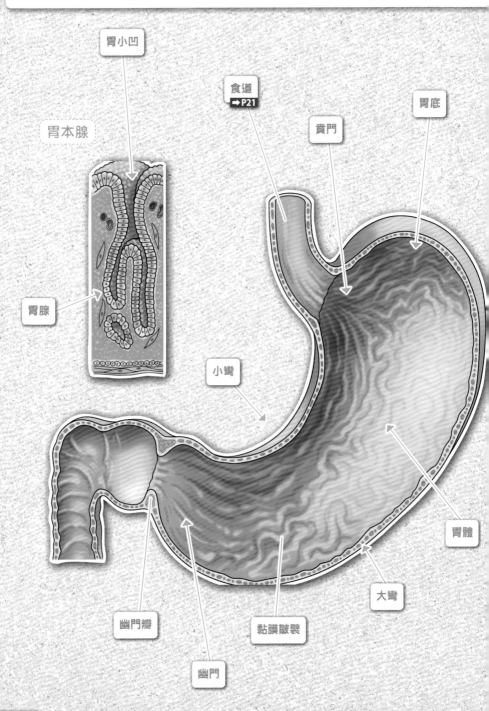

胃小凹

胃本腺

胃腺

食道
➡P21

賁門

胃底

小彎

胃體

幽門瓣

黏膜皺襞

大彎

幽門

胃是位於上腹部偏左側的囊狀消化系統器官。形狀呈 J 字型或勾狀，容量約 1200 cc。從頂端開始依序是**賁門**、**胃底**、**胃體**、**幽門**。胃右側的小彎曲稱作**小彎**，左側的大彎曲則稱作**大彎**。胃壁是由漿膜、肌層、黏膜所構成，肌層又是由外縱走肌、中環走肌、內斜走肌，3 層構成。黏膜層分布著**黏膜皺襞**，表面有許多微小的凹陷稱為**胃小凹**，其中分布著胃本腺。

胃【stomach】

- **賁門**　胃的入口，與食道相通。其基底有括約肌，可以防胃液逆流。
  ➡P21

- **胃底**　胃上方的隆起部分，有氣泡。

- **胃體**　占了胃的大部分，胃機能的主體。

- **幽門**　胃的出口，與十二指腸相通。末端有強力括約肌，形成幽門瓣。黏膜下層有幽門腺，會分泌胃液和**胃泌素**。
  ➡P24

  ※ **胃泌素**　從幽門腺的 G 細胞釋出、可促進胃液分泌的消化道激素。
  ➡P69

胃本腺【proper gastric gland】

胃小凹裡的腺體，會分出胃液。

- **主細胞**　會分泌胃蛋白酶的前驅物**胃蛋白酶原**。

  ※ **胃蛋白酶**　將蛋白質分解成多肽的蛋白質分解酵素。

- **壁細胞**　會分泌**胃酸**和**內在因子**。

  ※ **胃酸**　負責活化胃蛋白酶和殺菌。

  ※ **內在因子**　一種醣蛋白，能幫助吸收**維生素 B_{12}** 和**維生素 D**。缺乏內在因子會導致惡性貧血。

- **黏液頸細胞**　會分泌保護胃黏膜的黏液。

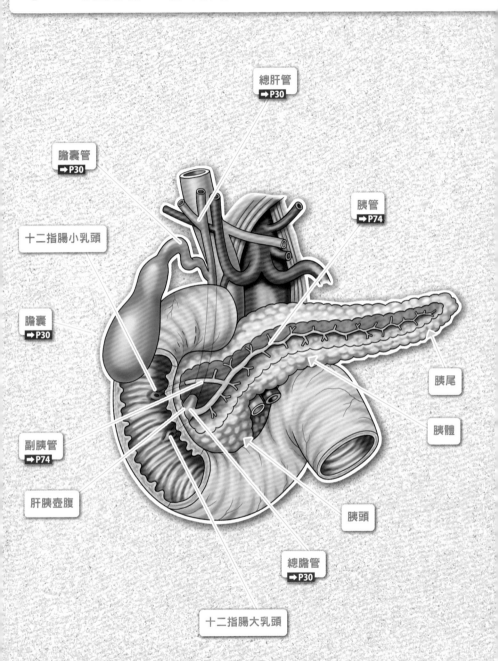

總肝管
➡P30

膽囊管
➡P30

胰管
➡P74

十二指腸小乳頭

膽囊
➡P30

胰尾

胰體

副胰管
➡P74

肝胰壺腹

胰頭

總膽管
➡P30

十二指腸大乳頭

十二指腸是小腸的起點、長度約25cm的管狀器官。外表有一層腹膜，➡P26 ➡P34
分為球部、降部、水平部、升部。

十二指腸【duodenum】

● **十二指腸大乳頭** 位於降部胰臟側的小凸起，中央的開口通往**總膽管**和**胰管**。➡P30
根部為**肝胰壺腹**，有奧迪括約肌。

● **十二指腸小乳頭** 位於十二指腸大乳頭的上段，開口通往**副胰管**。

※**奧迪括約肌** 位於十二指腸大乳頭根部，負責調節膽汁的分泌。➡P31

● **十二指腸腺** 又稱作布倫納氏腺，會分泌鹼性黏液，中和胃液。

胰臟【pancreas】
➡P74

位於胃的後下方、腹膜後面的細長器官，又分為**胰頭**、**胰體**、**胰尾**。胰頭➡P22 ➡P34
連接十二指腸，胰尾連接脾臟。中央有**胰管**貫穿，胰管與總膽管匯合後穿➡P126
入十二指腸（**十二指腸大乳頭**）。還有來自胰臟背側的副胰管。胰臟由外分泌➡P30
部與內分泌部（朗格漢斯島）構成。➡P74

● 外分泌部

其中的腺泡細胞會生成包含各種消化酵素（**澱粉酶**、**胰蛋白酶**、**胰脂酶**）和
碳酸氫根離子的胰液。

※**胰澱粉酶** 醣類分解酵素。

※**胰蛋白酶** 蛋白質分解酵素。沒有活性的胰蛋白酶原經轉換後，成為胰
蛋白酶能促使更多的胰蛋白酶原活化。

※**胰脂酶**（steapsin） 脂肪分解酵素。

※**碳酸氫根離子** 可以中和胃酸。

● 內分泌部（朗格漢斯島）
➡P74

會分泌**胰島素**、**升糖素**、**體抑素**的內分泌組織。➡P75 ➡P75 ➡P75

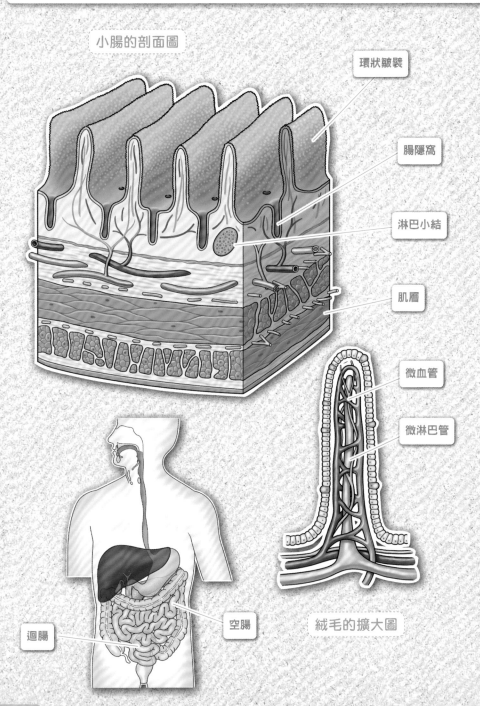

小腸的剖面圖

環狀皺襞

腸隱窩

淋巴小結

肌層

微血管

微淋巴管

絨毛的擴大圖

空腸

迴腸

空腸和迴腸都是小腸的一部分。**空腸**接續在十二指腸之後，長約3m，後續約2.5m則是**迴腸**。➡P24迴腸後接著屬於大腸的盲腸（迴盲部）。➡P28空腸與迴腸是透過腸繫膜固定於腹腔的內壁上。➡P34大部分的營養素會在這裡消化、吸收。黏膜裡有環狀皺襞，可以擴大表面積、提高營養的吸收率。

空腸和迴腸【jejunum & ileum】

● **腸隱窩**　分布於腸黏膜表面的凹陷，有腸腺。

● **絨毛**　分布於環狀皺襞表面的小凸起構造，負責吸收營養。內部有微血管和微淋巴管，葡萄糖和胺基酸會進入微血管，脂質則進入微淋巴管。

● **利貝昆氏腺（腸腺）**　分布於腸隱窩的腺體，會分泌腸液和胃腸激素（**胰泌素**、**膽囊收縮素**）。另外還有和免疫有關的**潘氏細胞**。

　　※**腸液**　為弱鹼性，包含麥芽糖酶、蔗糖酶、肽酶等消化酵素。

● **淋巴小結**　分布於小腸黏膜下層的淋巴組織，其中有孤立淋巴小結和集合淋巴小結。➡P126迴腸黏膜下層的集合淋巴小結稱作**派亞氏淋巴叢**。➡P127➡P126

● **奧氏神經叢**　分布於小腸肌層內，負責調節律動運動。

● **黏膜下神經叢**　分布於腸黏膜下層，負責控制黏膜。

胃腸激素【gastrointestinal hormone】

　　※**胰泌素**　隨著消化的進行而從小腸分泌出來，能促進胰液的分泌，尤其是碳酸氫根離子的分泌。

　　※**膽囊收縮素**　能促進膽汁分泌的胃腸激素。➡P31

大腸

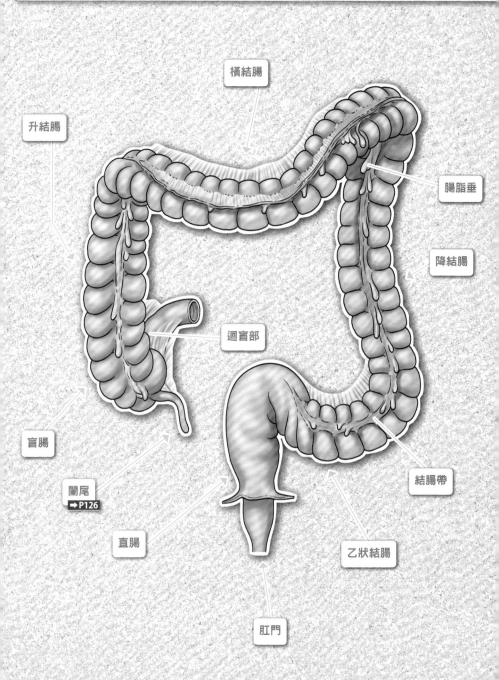

横結腸

升結腸

腸脂垂

降結腸

迴盲部

盲腸

結腸帶

闌尾
➡P126

直腸

乙狀結腸

肛門

大腸是繞腹腔內一周、全長約 1.5m 的管道，又分為**盲腸**、**結腸**、**直腸**。表面有縱走肌形成的 3 條**結腸帶**（自由帶、繫膜帶、網膜帶）。另外，結腸帶上附有腸脂垂。

大腸【large intestine】

- **盲腸**　位於大腸起點、長約 15 cm，通往迴腸（**迴盲部**）。迴盲部有**迴盲瓣**，可防止消化物倒流。末端附有長約 5 cm 的指狀**闌尾**。
  ➡ P26
  ➡ P126

- **結腸**　占了大腸的大部分，分為**升結腸**、**橫結腸**、**降結腸**、**乙狀結腸**。

  ＊升結腸　接續在盲腸之後、沿著右腹部上行的腹膜後器官。

  ＊橫結腸　沿著腹腔內上前側、由右至左橫走。具有繫膜。

  ＊降結腸　沿著左腹部下行的腹膜後器官。

  ＊乙狀結腸　從左下腹部彎成乙字形、進入骨盆腔。

- **直腸**　大腸尾端約 20 cm 的部分，末端是**肛門**、開口通向體外。

- **肛門**　由延伸自腸道的**肛門內括約肌**和延伸自骨盆底肌的**肛門外括約肌**組成。

  ＊痔區　黏膜下層的靜脈叢。

大腸的內部構造【internal structure of intestine】

- **黏膜細胞**　負責吸收水分和礦物質。

- **腸腺**　分布於整個結腸，會分泌鹼性腸液。

腸道菌群【gut flora】

　　大腸內部有枯草桿菌、產氣莢膜梭菌等常在菌，能幫助分解膳食纖維和生成維生素 K。

肝臟

【liv

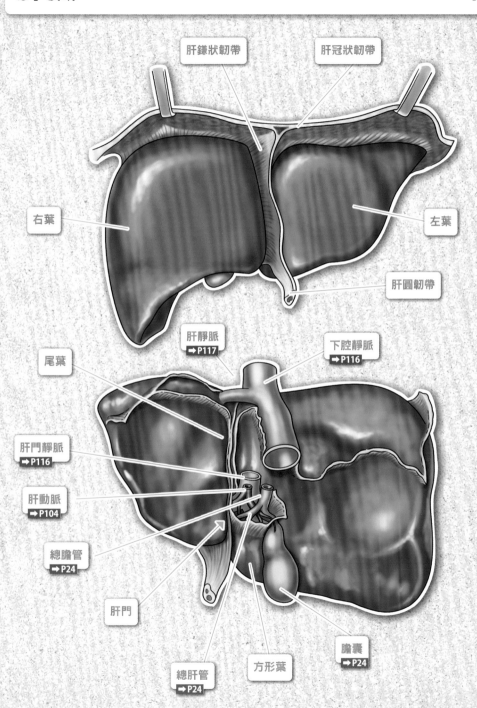

肝鎌狀韌帶

肝冠狀韌帶

右葉

左葉

肝圓韌帶

肝靜脈
→P117

下腔靜脈
→P116

尾葉

肝門靜脈
→P116

肝動脈
→P104

總膽管
→P24

肝門

總肝管
→P24

方形葉

膽囊
→P24

肝臟是位於腹腔內右上方的暗紅色實質性內臟，重量為 1400～1600 g，由繫膜固定在橫膈膜與前腹壁。結構分為**右葉**和**左葉**，右葉下面有附屬的**方形葉**和**尾葉**。肝臟下方因為接觸到其他臟器所以形成許多壓痕（結腸壓痕、十二指腸壓痕、腎壓痕、腎上腺壓痕）。中央為**肝門**，外側附有**膽囊**。後方中央有**下腔靜脈**通過，在肝臟上端與**肝門靜脈**匯合。

➡P116 ➡P117 ➡P24

肝臟【liver】

- **肝鐮狀韌帶** 位於肝臟前面，將肝臟固定於橫隔膜上。➡P24
- **肝冠狀韌帶** 位於肝臟上面，將肝臟固定於橫隔膜上。韌帶包圍的起來的地方就稱作肝裸區。
- **肝圓韌帶** 連結肝臟和臍帶的帶狀構造，為胎兒期的臍靜脈退化組織。➡P122 ➡P122
- **肝門** 位於肝臟中央的下面，有肝固有動脈、肝門靜脈、總肝管、神經。➡P104 ➡P116 ➡P24
- **肝門靜脈** 其中的血液來自消化道、吸收了營養，進入肝臟後分岔出許多小血管，行經小葉間靜脈後成為分布於肝細胞間的血竇。之後移入肝靜脈。➡P116 ➡P15 ➡P32 ➡P32 ➡P117

膽囊【gall bladder】
➡P24
附著於肝臟下面的囊狀器官，內部儲藏著膽汁。

- ※**膽汁** 黃褐色液體，每天生成約 0.5ℓ。成分為：水、膽固醇、膽紅素、膽汁酸鹽。
- ※**膽汁酸鹽** 可以乳化脂肪、幫助吸收。由小腸末端吸收後回到肝臟，這個過程稱作腸肝循環。➡P26

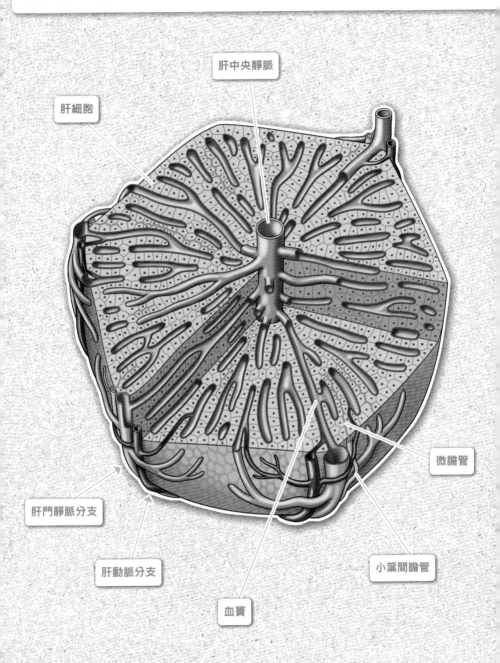

肝中央靜脈

肝細胞

微膽管

肝門靜脈分支

肝動脈分支

小葉間膽管

血竇

　　肝小葉是肝臟的基本功能單位，外圍有小葉間結締組織（肝纖維囊）的六角形構造。肝小葉中，有從肝中央靜脈起呈放射狀分布的**肝細胞**。小葉外圍分布著小葉間動脈、靜脈和膽管。

- **血竇**　穿梭於肝細胞之間的類血管構造，負責將營養送至肝細胞。周圍有狄氏腔。

- **肝細胞**　肝臟機能的主體，會進行各種代謝作用。
  ➡ P30
  - ※**醣類代謝**　肝糖的合成、儲藏、分解。

  - ※**蛋白質代謝**　合成血漿蛋白、異化成胺基酸。

  - ※**血漿蛋白合成**　白蛋白、球蛋白、纖維蛋白原等等。

  - ※**脂質代謝**　合成膽固醇、儲藏中性脂肪。

  - ※**解毒作用**　形成尿素（氨解毒）、處理有害重金屬。

  - ※**生成膽汁**　膽汁是由肝細胞生成的黃褐色液體，內含膽汁酸、膽紅素、膽固醇。

- **微膽管**　從肝細胞收集膽汁的管道，透過以下的路徑送至膽囊。
  ➡ P31　　　　　　　　　　➡ P24

膽汁的排泄路徑

微膽管→小葉間膽管→肝管→總肝管→膽囊管→膽囊

總膽管→十二指腸

- **庫佛氏細胞**　一種巨噬細胞，負責分解血液中的有害物質（重金屬）。

- **貯脂細胞**　儲藏維生素A。

- **肝中央靜脈**　位於肝小葉的中心，收集血竇中的血液並將其輸送至下腔靜脈。
  ➡ P116

腹膜

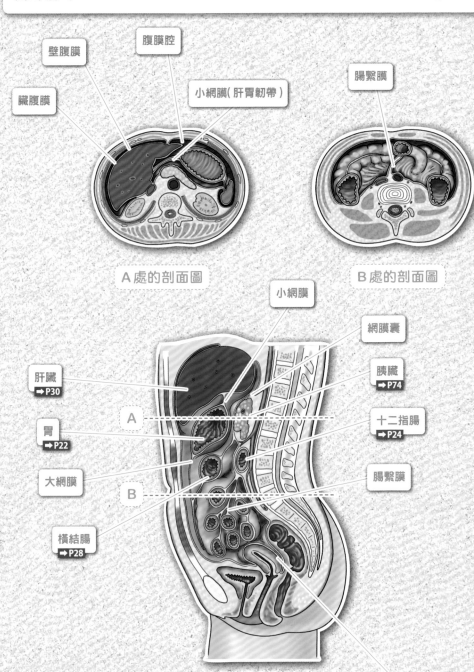

壁腹膜

腹膜腔

臟腹膜

小網膜（肝胃韌帶）

腸繫膜

A 處的剖面圖

B 處的剖面圖

小網膜

網膜囊

肝臟
➡P30

胰臟
➡P74

A

胃
➡P22

十二指腸
➡P24

大網膜

B

腸繫膜

橫結腸
➡P28

直腸子宮陷凹（道格拉斯陷凹）
➡P58

覆蓋在腹腔內與內臟表面的漿膜，分為**壁腹膜**和**臟腹膜**。兩道腹膜圍起的
空間稱作**腹膜腔**。

腹膜【peritoneum】

- **腸繫膜**　包覆在腸表面、將其固定於腹壁的膜，分為包覆小腸的小腸繫膜，和
包覆大腸的結腸繫膜。固定在後腹壁的部位稱作腸繫膜根，內部有血
➡P26
管、淋巴管、神經。
➡P28
➡P125

- **大網膜**　在腹腔內部呈圍裙狀下垂的構造。

- **小網膜**　和肝臟（肝門部）、胃（小彎）、十二指腸連結，又分為肝胃韌帶和十二
指腸韌帶。
➡P30　　　➡P22　　　➡P24

- **網膜囊**　內臟扭轉時，在胃後方形成的隱窩。入口處稱作網膜孔（胃繫膜孔）。

- **直腸子宮陷凹（道格拉斯陷凹）**　子宮後方、直腸前方是腹腔最深的部位。
➡P58　　　➡P58　　　➡P58

壁腹膜【parietal peritoneum】

包覆在腹腔內側的漿膜。前腹壁的壁腹膜上會形成3種皺襞：

- **臍正中襞**　位於腹腔壁前方，有臍尿管退化形成的臍正中韌帶通過。

- **臍內側襞**　位於腹腔壁前方，有臍內側韌帶通過。

- **臍外側襞**　位於腹腔壁前方，有下腹壁動脈‧靜脈通過。
➡P108

呼吸系統

【respiratory system】

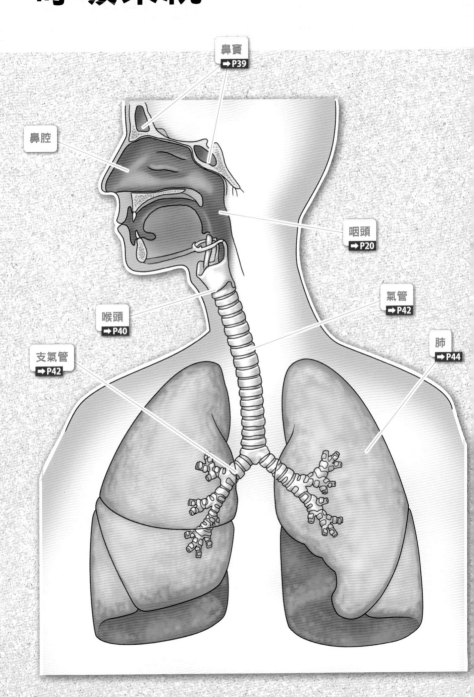

鼻竇
➡P39

鼻腔

咽頭
➡P20

氣管
➡P42

喉頭
➡P40

支氣管
➡P42

肺
➡P44

　　呼吸是得到細胞活動時需要的氧、排出代謝時生成的二氧化碳的機制。氧存在於外界的空氣中，要經過兩個階段才會進入人體：先將空氣吸入肺，再透過紅血球送至細胞。前者稱作**外呼吸**，後者稱作**內呼吸**。進行外呼吸所用到的所有器官稱作**呼吸系統**，由**氣管**與**肺**組成。呼吸會攝入空氣中的氧氣，並將二氧化碳排至體外，所以這個過程稱作**氣體交換**。➡P44

●**氣管**【air tract】

　　將空氣送入肺裡的管道，由鼻腔、咽頭、喉頭、氣管、支氣管所構成。➡P42　　　➡P42

● **鼻腔**　位於臉部中央的空間，空氣的入口。

● **咽頭**　頸部上端的管狀器官，為空氣與食物的共通通道。
➡P20

● **喉頭**　位於前頸部、由軟骨包裹的管道。
➡P40

● **氣管**　從頸部通往胸部的管道。
➡P42

● **支氣管**　從氣管分岔至肺部的管道。
➡P42　　　➡P42

●**肺**【lung】
P44

　　負責交換氣體的器官。

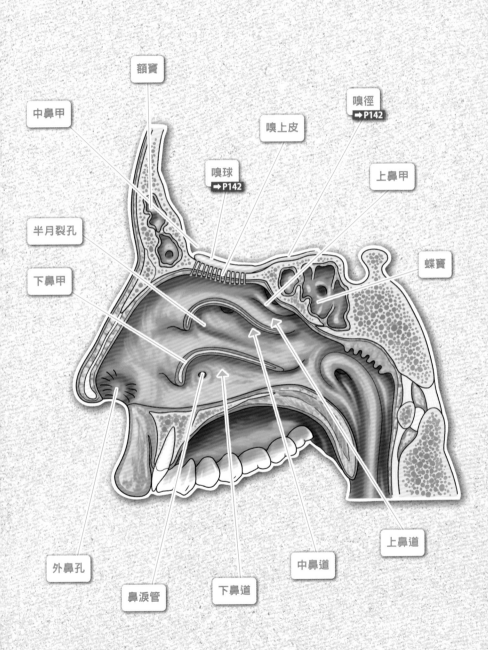

鼻子是氣管的起點，由外鼻和鼻腔構成。外鼻是臉上隆起的部分，頂端由軟骨、基底由硬骨構成。**➡ P37** 鼻腔是從**外鼻孔**到**後鼻孔**的空間，由鼻中隔分成兩半；內側包覆著黏膜，有黏液腺分布；前端一帶有鼻毛。黏膜下層分布著靜脈叢，稱作**鼻中隔前端**。

●鼻【nose】

- **鼻道** 由鼻甲隔開的通道，分為上鼻道、中鼻道、下鼻道。

  ＊上鼻道 上端有嗅上皮，開口通往蝶竇。

  ＊中鼻道 開口通往額竇和上頜竇。開口部位稱作半月裂孔。

  ＊下鼻道 開口通往鼻淚管。

- **鼻淚管** 串連內眼角和下鼻道的淚液排放管。

- **嗅上皮** 位於上鼻道上端的嗅覺接收器。

●鼻竇【paranasal cavity】

鼻腔周圍的顱骨內空洞，內側包覆著黏膜，與鼻腔相通。
➡ P36

- **額竇** 位於額骨的空洞，開口通往中鼻道。

- **上頜竇** 位於上頜骨的大空洞，開口通往中鼻道。

- **篩竇** 位於篩骨的蜂巢狀空洞，開口通往中鼻道。

- **蝶竇** 位於蝶骨的空洞，開口通往上鼻道。

- **半月裂孔** 位於中鼻道的弧形裂孔，通往額竇和上頜竇。

喉頭

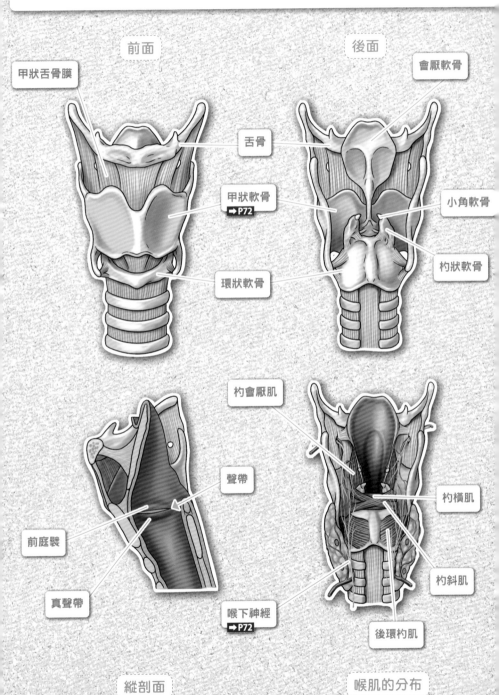

前面

甲狀舌骨膜

後面

會厭軟骨

舌骨

甲狀軟骨
➡P72

小角軟骨

杓狀軟骨

環狀軟骨

杓會厭肌

聲帶

前庭襞

真聲帶

喉下神經
➡P72

杓橫肌

杓斜肌

後環杓肌

縱剖面

喉肌的分布

喉頭是位於前頸部中央的軟骨；內部有聲帶，具有發聲的功能。

喉頭軟骨【laryngeal cartilages】

分布於喉頭的軟骨群，形成筒狀的架構，也具有附著喉肌的功能。

- **甲狀軟骨** ➡P72　喉頭前方的凸出軟骨，俗稱為「亞當的蘋果」。

- **環狀軟骨**　喉頭下端的軟骨。

- **會厭軟骨**　覆蓋喉頭入口的軟骨。

- **杓狀軟骨**　具有可動性，負責開關聲門。

- **小角軟骨**　位於杓狀軟骨上端的小軟骨。

喉肌【laryngeal muscles】

分布於喉頭的小型肌群，負責發聲和吞嚥運動。由迷走神經控制。➡P182

- **環甲肌**　負責拉長真聲帶。

- **後環杓肌**　負責打開聲門。

- **杓橫肌**　負責關閉聲門。

- **杓斜肌**　負責關閉聲門。

- **杓會厭肌**　負責拉會厭。

- **環杓側肌**　負責關閉聲門。

- **甲杓肌**　負責放鬆真聲帶

    ＊聲帶肌　甲杓肌的一部分。

- **聲帶**　為喉頭中央的構造，負責發聲。內有凸向喉腔的**前庭襞**（室皺襞）和**真聲帶**。真聲帶會隨著呼氣而震動、發聲。中央的裂口稱作聲門。

氣管和支氣管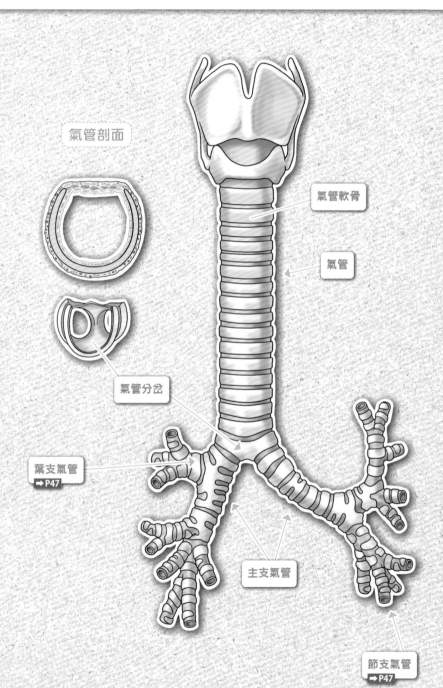

【trachea & bronch

氣管剖面

氣管軟骨

氣管

氣管分岔

葉支氣管
➡ P47

主支氣管

節支氣管
➡ P47

氣管是位於前頸部的軟骨管道，始於喉頭下端、結束於第四節胸椎的高度（**氣管分岔**），全長約12㎝，內徑約3㎝，有**氣管軟骨**等間隔分布。內側覆蓋著黏膜，上面分布著**纖毛上皮**和黏液腺。纖毛藉由協調的韻律擺動將異物、塵埃作為痰液排出。

→ P40

（主）支氣管【bronchus】

從氣管分岔、左右成對的管道，左右形狀不同。

● **右支氣管**　形狀粗短，與正中線形成銳角。

● **左支氣管**　形狀細長，與正中線形成鈍角。

葉支氣管和節支氣管【lobe bronchus & segmental bronchus】

右支氣管分成3條**葉支氣管**，左支氣管分成2條。右邊的葉支氣管又再分成10條**節支氣管**，左邊分成9條。

〈右側〉

● **右上葉支氣管**　分岔成尖支、後支、前支，共3條。

● **右中葉支氣管**　分岔成內支、外支，共2條。

● **右下葉支氣管**　分岔成背枝、前基底支、外基底支、後基底支、內基底支，共5條。

〈左側〉

● **左上葉支氣管**　分岔成尖後支、前支、上舌支、下舌支，共4條。

● **左下葉支氣管**　分岔成背支、前基底支、外基底支、後基底支、內基底支，共5條。

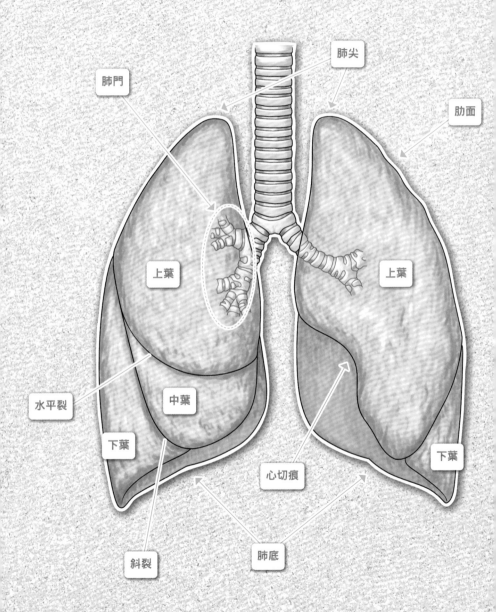

肺是在胸腔內左右成對、富有彈性的大型內臟。形狀呈半圓錐形，上端稱作**肺尖**，下端稱作**肺底**，分為肋面、縱膈面和橫膈面。縱膈面的中央有**肺門**，其中有支氣管、肺動脈、肺靜脈、支氣管動脈‧靜脈、神經通過，內部 ➡P42 ➡P122 ➡P84 是分岔的血管、支氣管和肺泡的集合體。 ➡P46

- **右肺** 分為上葉、中葉、下葉，容量約1200 cc。表面有水平裂和斜裂。

- **左肺** 分為上葉、下葉兩部分，容量約1000 cc。內側下方為了容納心臟而形成較大的痕跡和凹陷，稱作**心切痕、心壓跡** ➡P84

肺節【pulmonary segment】

肺葉分為左肺和右肺後，依節支氣管的分岔所劃分成的區域。 ➡P42

右肺〉

- **上葉** 尖節、後節、前節。

- **中葉** 外節、內節。

- **下葉** 上節、內基底節、前基底節、外基底節、後基底節。

左肺〉

- **上葉** 尖後節、前節、上舌節、下舌節。 ➡P42
- **下葉** 上節、內基底節、前基底節、外基底節、後基底支節。

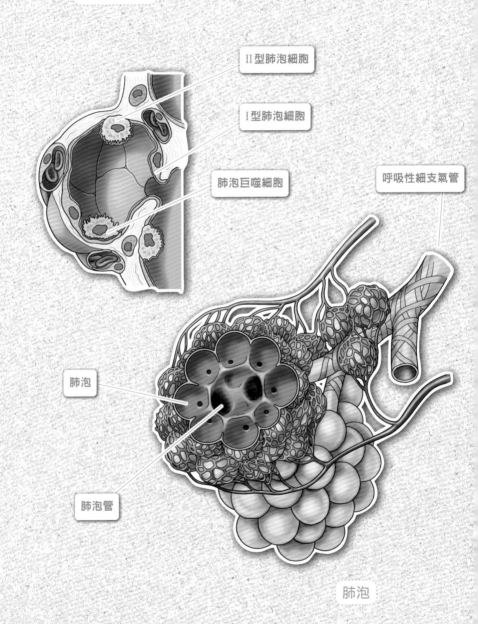

肺泡擴大圖

Ⅱ型肺泡細胞

Ⅰ型肺泡細胞

肺泡巨噬細胞

呼吸性細支氣管

肺泡

肺泡管

肺泡

● 支氣管樹【bronchial tree】

氣管分岔形成的樹狀部分。
➡P42

● **葉支氣管**　向肺部各葉延伸的支氣管，右葉有3條，左葉有2條。
➡P42

● **節支氣管**　分布於肺節的支氣管，右邊有10條，左邊有9條，直徑為5～7㎜。
➡P45

● **細支氣管**　從節支氣管分岔而成、直徑在1㎜以下的支氣管。軟骨和黏液腺在這裡會逐漸消失。
➡P42

● **終末細支氣管**　細支氣管的末端，直徑約0.5㎜。開始出現克拉拉細胞。

● **呼吸性細支氣管**　管壁已經沒有軟骨，只由平滑肌構成。也失去纖毛細胞和黏液腺，開始出現肺泡。

　＊**克拉拉細胞**　分布於終末支氣管和呼吸性細支氣管的無毛細胞，會分泌表面活性物質、排除異物。

● **肺泡管**　支氣管的末端部分，由數十個肺泡連結而成。

● **肺泡**　支氣管末端的細微囊狀構造，直徑約0.1～0.2㎜。

● 肺泡【alveolus】

肺泡是肺泡腔和微血管之間進行氣體交換的地方。
➡P37

● **小肺泡細胞**　又稱作I型肺泡細胞，負責進行氣體交換。

● **大肺泡細胞**　又稱作II型肺泡細胞，會分泌保持肺泡表面張力的界面活性物質。

● **塵細胞（肺泡巨噬細胞）**　負責處理隨著吸氣而入侵的異物。

胸膜

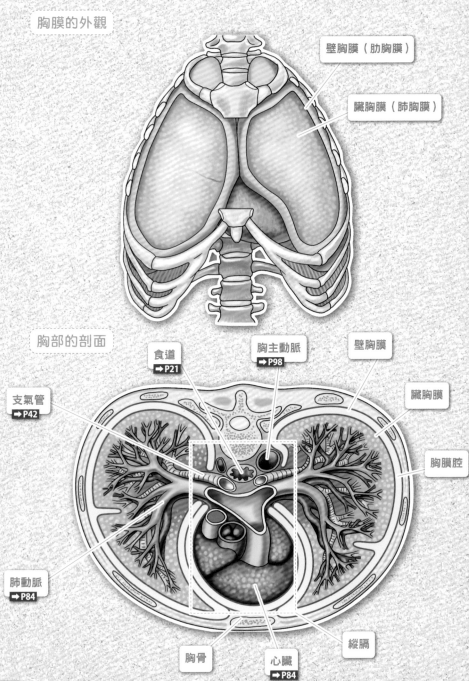

胸膜的外觀

壁胸膜（肋胸膜）

臟胸膜（肺胸膜）

胸部的剖面

食道 ➡P21

胸主動脈 ➡P98

壁胸膜

支氣管 ➡P42

臟胸膜

胸膜腔

肺動脈 ➡P84

縱膈

胸骨

心臟 ➡P84

胸膜是覆蓋在胸腔內和肺表面的漿膜，又分為**壁胸膜**（肋胸膜）和**臟胸膜**➡P44
（肺胸膜）。

●胸膜【peritoneum】

- **壁胸膜**　包覆在胸腔壁內面的漿膜，在肺門處反摺後移行到臟胸膜。

- **臟胸膜**　包覆在肺臟表面的漿膜，在肺門處移行到壁胸膜。
➡P44

- **胸膜腔**　壁胸膜與臟胸膜之間的空間，具有氣密性。內部隨著胸廓的擴大而產
生負壓；在胸廓縮小後產生正壓，這就是呼吸的原動力。

●縱膈【mediastinum】

由兩肺葉內側面圍成的空間，上至胸廓上口，下至橫膈膜。內部分為上、
前、中、後，4個區塊。

●縱膈腔內臟器【mediastinum organs】

縱膈的區塊內各有不同的臟器。

- **上縱膈**　氣管、上腔靜脈、主動脈弓。
➡P42　　➡P84　　➡P98
- **前縱膈**　胸腺。
➡P126
- **中縱膈**　心臟、支氣管、膈神經。
➡P84　　➡P42　　➡P184
- **後縱膈**　食道、胸主動脈、胸管、迷走神經。
➡P21　　　➡P98　➡P124　　➡P182

泌尿系統 【urinary system】

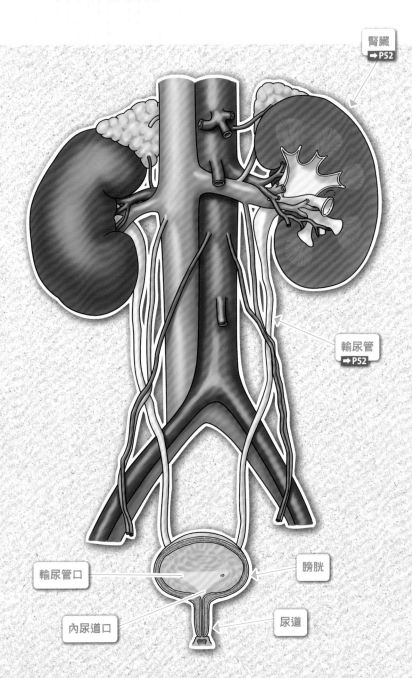

腎臟
➡P52

輸尿管
➡P52

輸尿管口

膀胱

內尿道口

尿道

　泌尿系統是將體內生成的代謝物，以尿液的形式排至體外，藉此來調節水分和離子含量的系統。由生成尿液的腎臟和輸送尿液的尿路（輸尿管、膀胱、尿道）構成。

● 尿路【urinary tracts】

　　尿液是在腎臟生成，蓄積在腎盂，再通過輸尿管、膀胱和尿道排出體外。這條尿液的通道就稱作尿路。➡P52

- **輸尿管**　連接腎盂和膀胱，長度約25㎝、內徑約2.5㎝的管道，透過自律運動將尿液送至膀胱。其中有3個生理性的狹窄處（腎盂移行處、骨盆入口處、膀胱入口處）。

- **膀胱**　位於骨盆腔，在恥骨後方的囊狀器官。容量約350 cc，由漿膜、肌層、黏膜構成，黏膜是由**移行上皮**構成。膀胱壁的厚度會改變、可以儲存700～800 cc的尿液。肌層是由平滑肌構成，會在排尿時作用，並在內尿道口周圍形成厚實的括約肌（**膀胱括約肌**），內部有一對**輸尿管口**和一個**內尿道口**，圍成的部位就稱作膀胱三角。

- **尿道**　連結膀胱和體表的尿液通道，始於膀胱下端的**內尿道口**，結束於外生殖器開口的**外尿道口**。男性的尿道行經陰莖，長度為16～18㎝；女性的尿道則朝陰道前庭開口，長度為3～4㎝。➡P56　➡P56基底有延續自骨盆底肌的**尿道括約肌**。➡P58

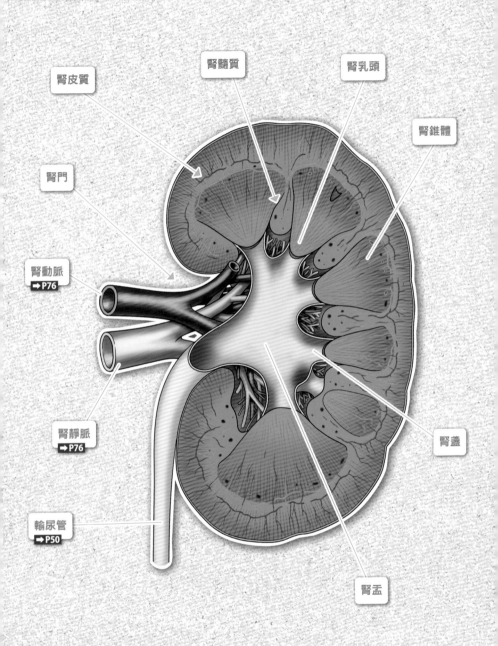

腎髓質

腎乳頭

腎皮質

腎錐體

腎門

腎動脈
➡P76

腎盞

腎靜脈
➡P76

輸尿管
➡P50

腎盂

　　腎臟是位於第12節胸椎和第3節腰椎之間、左右成對的暗紅色臟器，左側的位置稍高；長度約12 cm，寬度約5 cm，厚度約4 cm，重量為150 g～300 g。腎臟是有結締組織性被膜（脂肪被膜、腎筋膜）包覆的腹膜後器官。外型像蠶豆，內側有腎門。內部分為外側的**腎皮質**和內側的**腎髓質**，上方有**腎上腺**附著。
→P76

- **腎皮質**　腎臟表層約6～10 mm的部位。

- **腎髓質**　位於腎臟內側，由6～20個腎錐體所構成。

- **腎門**　　腎臟內側的凹陷，有腎動脈、腎靜脈、輸尿管、神經出入。
　　　　　　　　　→P76　　　→P76　　　→P50

- **腎盞**　　又分為腎大盞和腎小盞。腎小盞呈包覆腎乳頭頂端的漏斗狀構造。2～3個腎小盞會合成一個腎大盞，負責接住從腎乳頭滴下的尿液。

- **腎盂**　　由多個腎大盞集合而成的構造，在腎門處移行至輸尿管。

- **腎錐體**　腎臟內的圓錐形構造，一個腎臟裡有6～20個腎錐體，為腎元的集合體，集合管開口通往頂端的**腎乳頭**。
　　　　　　　　　　　　　　　　　　　　　　　　　→P54

- **腎乳頭**　腎錐體的頂端部分，由腎盞包裹，為腎元的集合管的開口，尿液會從這裡滴入腎盞。
　　　　　　　　　　　　　　　　　　→P54

腎元

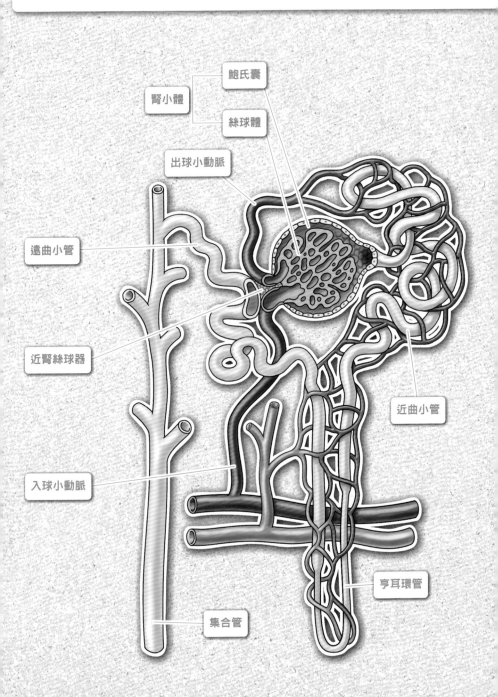

鮑氏囊

腎小體

絲球體

出球小動脈

遠曲小管

近腎絲球器

入球小動脈

近曲小管

亨耳環管

集合管

腎元是構成腎臟機能的單位，一個腎臟裡有70～100萬個腎元，是由腎小
體和腎小管所構成。
➡P52

腎小體【renal corpuscle】

分布於腎皮質、直徑約0.2㎜的小型囊狀組織，是尿液生成的起點。

● **絲球體** 入球小動脈和出球小動脈之間的網狀血管構造，負責過濾血液、生成
原尿。

● **鮑氏囊** 包裹絲球體的囊狀構造，負責接住從絲球體滴下的原尿。

腎小管【renal tubule】

始於近曲小管，從腎乳頭將尿液注入腎盞。在原尿通過時會進行再吸收、
排泄和分泌作用。
➡P52

● **近曲小管** 靠近鮑氏囊的部分，從原尿中重新回收礦物質、胺基酸、葡萄糖，
並排泄肌酸酐、尿酸。

● **亨耳環管** 連結近曲小管和遠曲小管的細長環狀腎小管，主要進行水分和離子
的回收。

● **遠曲小管** 連結亨耳環管和集合管，負責重新吸收水分、鈉並排泄鈣、氫、尿
素。

● **集合管** 集合許多腎元的遠曲小管，其開口通往腎乳頭。負責重新吸收水分和鈉。

● **近腎絲球器** 腎小體內的構造，能感應絲球體的過濾壓和釋放腎素。

　　※ 腎素 分泌自近腎絲球器，可以提高血壓、維持絲球體過濾壓。
➡P69

　　※ 紅血球生成素 從腎臟分泌出來的紅血球增生因子。
➡P69

男性生殖系統

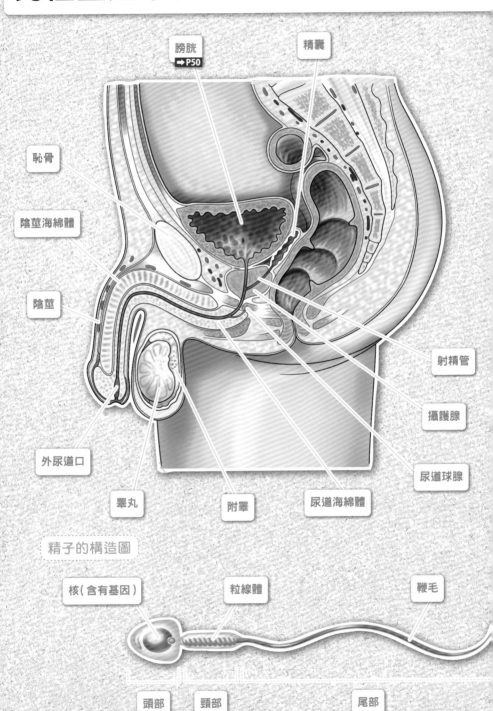

膀胱 ➡P50

精囊

恥骨

陰莖海綿體

陰莖

射精管

攝護腺

外尿道口

尿道球腺

睪丸

附睪

尿道海綿體

精子的構造圖

核(含有基因)

粒線體

鞭毛

頭部

頸部

尾部

　　男性生殖器是由屬於性腺的睪丸和附屬器官（附睪、精囊、輸精管、攝護腺、射精管、陰莖）所構成。

●睪丸【testis】

　　陰囊內左右成對的橢圓形器官，由細精管和間質構成。

- **細精管**　細長的管狀構造，內有各級的精細胞（精原細胞、精母細胞、精子細胞、精子）和塞爾托利氏細胞。

  ＊塞爾托利氏細胞　負責保育精子。

- **間質**　在睪丸的細精管附近，有生成男性荷爾蒙（睪酮）的間質細胞。
  ➡ P69

- **精子**　男性的配子，由精細胞變態形成。結構分為頭部、頸部、尾部。頭部有濃縮過的基因；頸部是由粒線體構成，會生成驅動的能量；尾部有鞭毛，用於在女性生殖管內移動。精子有 X 和 Y 兩種，性別取決於受精的精子類型。

●輸精路徑【sperm release pathway】

　　輸送精子的一系列器官。

- **附睪**　附著於睪丸的弦月形器官，幫助精子成熟。

- **輸精管**　連結附睪和精囊的管道，精子的通道。

- **精囊**　位於膀胱後方的器官，負責生產精液。
  ➡ P50

- **攝護腺**　位於膀胱正下方的實質性器官，中央有尿道貫通，中途的開口通往**射精管**。會生成精液。
  ➡ P50

- **尿道球腺（考伯氏腺）**　位於陰莖根部的小型腺體，會生成精液。

- **陰莖**　男性的外生殖器，包含海綿體。中央偏下有尿道貫通，末端為開口（外尿道口）。

女性生殖系統

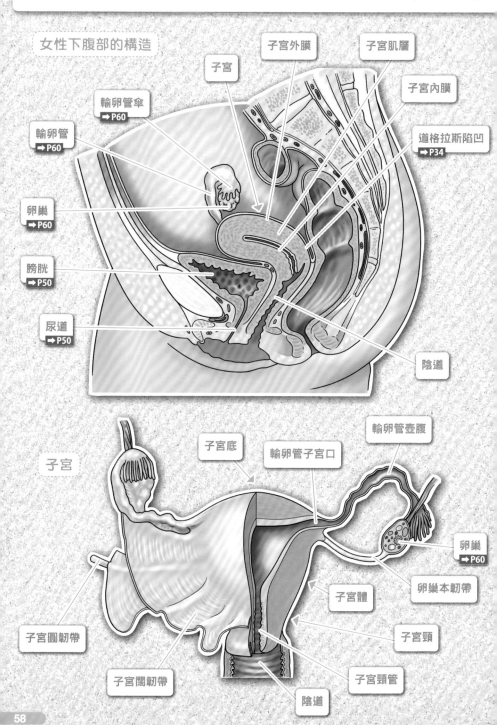

女性下腹部的構造

子宮外膜

子宮肌層

子宮

子宮內膜

輸卵管傘
➡P60

道格拉斯陷凹
➡P34

輸卵管
➡P60

卵巢
➡P60

膀胱
➡P50

尿道
➡P50

陰道

子宮

子宮底

輸卵管子宮口

輸卵管壺腹

卵巢
➡P60

卵巢本韌帶

子宮體

子宮頸

子宮圓韌帶

子宮闊韌帶

子宮頸管

陰道

女性生殖系統是由屬於性腺的卵巢及附屬器官（輸卵管、子宮、陰道）所構成，負責使卵子成熟、排卵、生成女性荷爾蒙和保育胎兒。
➡P60

●卵巢【ovary】
➡P60

卵巢是骨盆腔內左右成對的橢圓形器官，由皮質和髓質構成。皮質是不同等級的濾泡集合體，髓質裡有神經和血管分布。卵巢是藉由卵巢懸韌帶固定在骨盆壁上，透過卵巢本韌帶固定在子宮上。

●輸卵管【oviduct】
➡P60

從子宮分別往左右伸出的管道，分為輸卵管傘、輸卵管壺腹和輸卵管峽。內側由纖毛上皮構成，藉由自律運動來輸送卵子。

● **輸卵管傘** 卵管末端的指狀凸起，呈包覆卵巢的狀態，負責接收排出的卵子。
➡P60

● **輸卵管壺腹** 精子和卵子的受精處。
➡P56

●子宮【uterus】

位於骨盆腔中央的梨形器官，分為**子宮底**、**子宮體**、**子宮頸**。底部兩側有輸卵管的開口（輸卵管口），由子宮外膜、子宮肌層、子宮內膜所構成。中央為子宮腔，側面有子宮圓韌帶、子宮闊韌帶將子宮固定於骨盆腔壁。

● **子宮內膜** 由基底層與機能層構成。機能層隨著月經週期，由基底層增殖的細胞形成並增厚。內部分布著螺旋動脈和子宮腺，負責做好卵子的著床準備。若是沒有受孕，機能層就會隨著螺旋動脈一同剝落。

●陰道【vagina】

女性的外生殖器也具有產道的作用。末端開口通向會陰，分布著前庭大腺（巴多林氏腺）。

卵巢

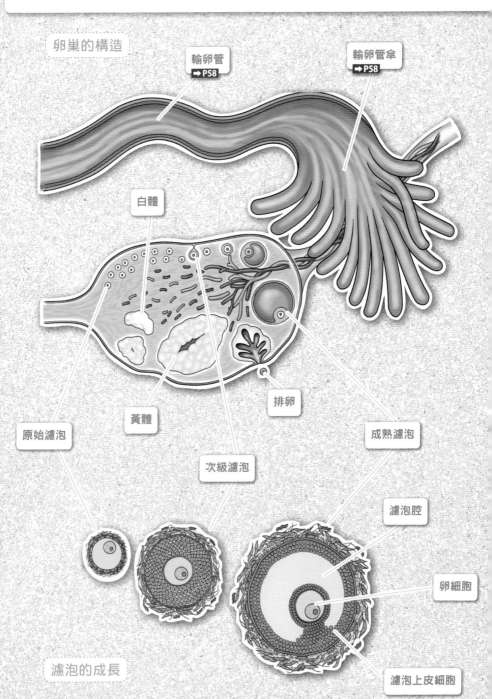

卵巢的構造

輸卵管
➡P58

輸卵管傘
➡P58

白體

原始濾泡

黃體

次級濾泡

排卵

成熟濾泡

濾泡腔

卵細胞

濾泡上皮細胞

濾泡的成長

卵巢內有許多包含1顆卵子的細胞集合體，稱作濾泡。
➡P58

濾泡【ovarian follicle】

由卵細胞和濾泡上皮細胞構成，依照月經週期有各種不同等級的濾泡。

● **原始濾泡** 卵巢內大量的未成熟濾泡，由1顆卵細胞和1層濾泡上皮細胞構成。成年女性大約有40萬個濾泡。

● **次級濾泡** 在濾泡發育的中間過程中，上皮細胞會增殖變厚、變成多層構造。

＊**卵細胞** 女性的配子，會停在**減數分裂**的中期，受精後完成減數分裂。

＊**減數分裂** 生殖細胞的分裂現象，染色體數會減半（46條→23條）。

＊**濾泡上皮細胞** 會依月經週期而增殖，生成雌激素。

※**雌激素** 一種濾泡激素，能促使卵細胞成熟、增厚子宮內膜。血液中的
➡P69
雌激素濃度上升後會作用於下視丘，分泌促性腺激素釋放激素 ➡P58
（Gn-RH）。 ➡P140
➡P69

● **成熟濾泡** 又稱作葛氏濾泡，是逐步成熟、即將排卵的濾泡。這時濾泡腔內會充滿富含雌激素的濾泡液。

＊**排卵** 一個成熟的濾泡隨著黃體成長激素（LH）的釋出，將卵子送進輸卵管的過程。
➡P58

● **黃體** 來自排卵後濾泡上皮細胞的構造，會產生黃體素（孕酮）。若是沒有懷孕，就會停止生成激素，變成白體。

※**黃體素** 有維持子宮內膜（維持懷孕）的作用。
➡P69 ➡P58

感覺系統 【sensory system】

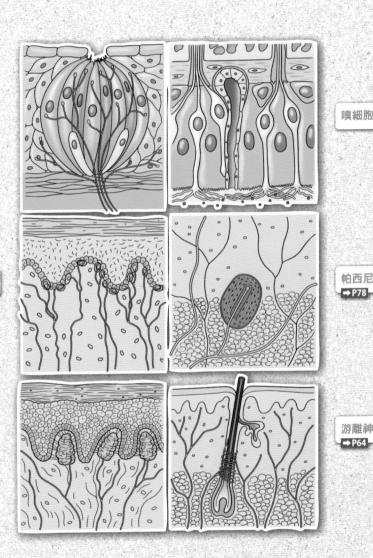

味蕾細胞

嗅細胞

克勞澤終球

帕西尼氏小體
➡ P78

觸覺小體
➡ P78

游離神經末梢
➡ P64

由接收體外感覺的器官，並將其傳遞到神經系統的器官所構成。

內
臟
類

視覺器官【visual organ】

藉由光的資訊掌握外界的狀況。由眼球和副眼器構成。
➡ P64　　➡ P65

聽覺器官【auditory organ】

藉由聲音資訊掌握外界的狀況。

前庭耳蝸器官【vestibulocochlear organ】

感知身體承受的重力和加速度。

嗅覺器官【olfactory organ】　感知氣味。

● **嗅上皮**　嗅細胞的集合，用頂端的嗅毛接收氣味分子。

味覺器官【gustatory organ】　感知食物的滋味。

● **味蕾**　由味細胞、支持細胞、基底細胞構成。

皮膚感覺器官【integumentary sense organ】

透過主要存在於皮膚的接受器來感知，包含觸覺、痛覺、溫度覺等等。

● **梅克爾氏盤**　分布於手掌和腳掌的接受器，可感知觸覺。

● **克勞澤終球**　分布於真皮和口腔，可感知壓覺、觸覺和冷覺。
➡ P78　　➡ P16

● **帕西尼氏小體**　分布於皮下和內臟的洋蔥狀接受器，可感知壓覺。
➡ P78

● **觸覺小體**　分布於指尖、眼瞼、嘴唇，可感知觸覺。
➡ P78

● **游離神經末梢**　全身分布最多的接受器，可感知痛覺、溫度覺。

深感覺器官【deep sense organ】　可感知肌和腱上的緊繃程度。

● **肌梭**　感知肌肉的長度。

● **腱梭**　感知腱的緊繃程度。

眼球

【e

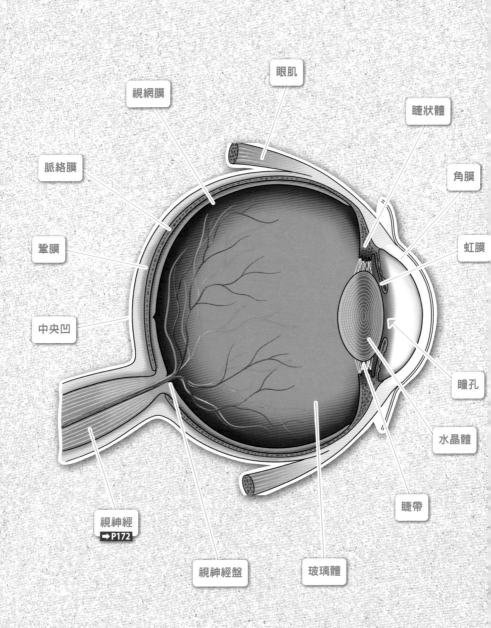

眼肌

視網膜

睫狀體

脈絡膜

角膜

鞏膜

虹膜

中央凹

瞳孔

視神經
➡ P172

水晶體

睫帶

視神經盤

玻璃體

視覺器官的主體，可以屈折來自外界的光線，並在視網膜上成像。

- **角膜**　眼球表面的透明薄膜，有神經分布，但沒有血管。

- **鞏膜**　包覆在眼球最外層的強韌薄膜，負責保護眼球。前端有**鞏膜靜脈竇**（許萊姆氏管），負責排出房水。

- **脈絡膜（葡萄膜）**　位於中層，有大量的血管分布。

- **視網膜**　眼球最內層、有視細胞分布的層狀構造，可感知到光線。視細胞分為**視錐細胞**和**視桿細胞**兩種。**中央凹**的周圍有很多視錐細胞，最能感受到光（**黃斑部**）。視神經的出口稱作**視神經盤**，是視覺上的盲點。
  ➡ P172

  ＊視錐細胞　感知色彩的視細胞。

  ＊視桿細胞　感知明暗的視細胞。

- **虹膜**　位於水晶體前、富含色素的環狀構造，內徑（**瞳孔**）會因瞳孔括約肌和散大肌而改變，以調整進入眼球的光線量。

- **睫狀體**　位於脈絡膜前端，內部的睫狀肌會藉由**睫帶**（秦氏小帶）來調整水晶體的厚度。

- **水晶體**　直徑約8mm的圓盤構造，能屈折光線、在視網膜上成像。藉由睫帶附著在睫狀體上。

- **玻璃體**　填滿眼球內的膠狀物質，能防止視網膜移位。

- **結膜**　覆蓋在眼球表面和眼瞼內的黏膜，有瞼板腺分布。

▶副眼器【accessory organs of eye】

幫助眼球和視神經運作的器官與組織。
➡ P172

- **淚腺**　位於眼球外側上方、分泌淚液的腺體。
  ➡ P176

- **眼外肌**　活動眼球的6條肌肉：上直肌、下直肌、上斜肌、下斜肌、外直肌、內直肌。
  ➡ P172　➡ P172　➡ P172　➡ P172　➡ P172

耳

【e

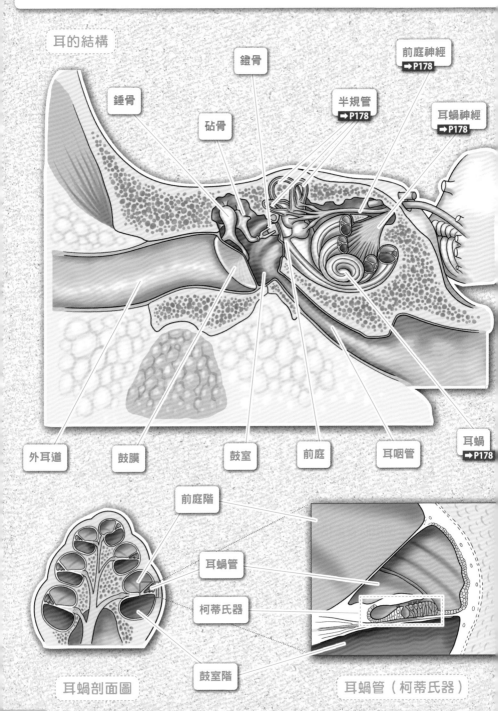

耳的結構

- 鐙骨
- 錘骨
- 砧骨
- 前庭神經 ➡P178
- 半規管 ➡P178
- 耳蝸神經 ➡P178
- 外耳道
- 鼓膜
- 鼓室
- 前庭
- 耳咽管
- 耳蝸 ➡P178

- 前庭階
- 耳蝸管
- 柯蒂氏器
- 鼓室階

耳蝸剖面圖

耳蝸管（柯蒂氏器）

耳是位於頭部兩側的聲音感覺器官，分為外耳、中耳、內耳。

◗外耳【outer ear】

由耳廓和外耳道構成。

- **耳廓** 頭部兩側的貝殼形構造，具有收集聲波的功能。
- **外耳道** 聯絡體表和鼓膜的聲音通道。

◗中耳【middle ear】

由鼓膜、鼓室、聽小骨、耳咽管構成。

- **鼓膜** 外耳道末端的薄膜，負責感應聲波的震動。
- **聽小骨** 將鼓膜感應到的震動傳遞至內耳。有**錘骨**、**砧骨**、**鐙骨**共3塊骨頭。錘骨與鼓膜接合、接收震動；砧骨接合內耳的**前庭窗**，將震動傳至淋巴液。
- **耳咽管** 連結鼓室和咽頭的管道，可調節中耳的內壓、避免鼓膜損傷。
  ➡P21

◗內耳【inner ear】

位於兩側的頭骨內，由骨迷路和膜迷路構成。膜迷路內有淋巴液，會因聲波的震動和身體的傾斜而流動、刺激接受器。

- **前庭** 深處有橢圓囊和球狀囊，內部有感知重力的**耳石**。
  ➡P178
- **耳蝸** 由螺旋形的**耳蝸管**、前庭階、鼓室階構成。耳蝸管內有接收聲音的**柯蒂氏器**。鼓室階的末端有耳蝸窩。
  ➡P178
- **半規管** 由3個環狀管道構成。根部有壺腹，包含可感知旋轉運動的毛細胞。
  ➡P178
- **柯蒂氏器** 聲音的接受器。整齊排列的內側毛細胞會因淋巴液的流動而接觸蓋膜，將信號轉換成電氣刺激，使大腦認知到聲音。

內分泌系統 【endocrine system】

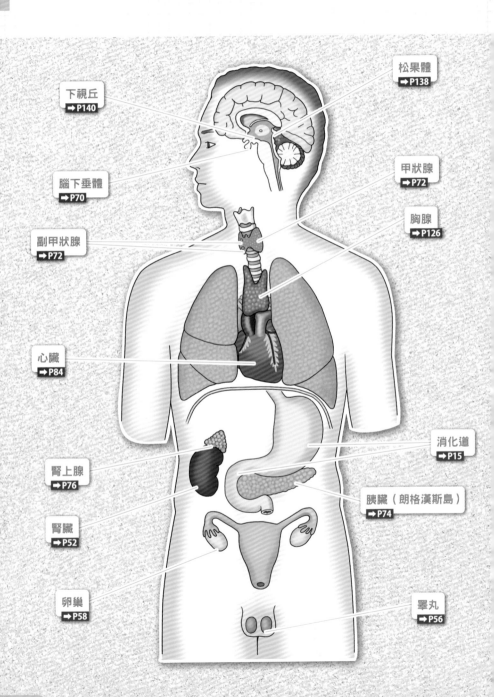

下視丘
➡P140

松果體
➡P138

腦下垂體
➡P70

甲狀腺
➡P72

副甲狀腺
➡P72

胸腺
➡P126

心臟
➡P84

腎上腺
➡P76

消化道
➡P15

胰臟（朗格漢斯島）
➡P74

腎臟
➡P52

卵巢
➡P58

睪丸
➡P56

　　內分泌系統是指會生成、分泌屬於化學物質的荷爾蒙，並透過血液來調整目標器官和細胞運作的器官系統。狹義而言是以腦下垂體和腎上腺這類細胞 ➡P15 ➡P76 為主體所構成的系統；廣義則包含消化道、腎臟這些具有能分泌荷爾蒙的細 ➡P15 ➡P52 胞的器官。

　　荷爾蒙只要微量就可以調整目標細胞或器官的運作，依成分又分為**肽類激素、類固醇激素、胺基酸衍生物激素**。

●內分泌器官與荷爾蒙【endocrine organs and hormones】

　　內分泌器官包含已特化為合成荷爾蒙的器官，和兼具其他功能與合成荷爾蒙的器官。以下整理出主要的內分泌器官及其合成的荷爾蒙。

- **下視丘** ➡P140　GRH ➡P71、TRH ➡P71、Gn-RH、CRH ➡P71
- **腦下垂體** ➡P70　TSH ➡P71、ACTH ➡P71、FSH ➡P71、GH ➡P71、ADH 等等
- **松果體** ➡P138　褪黑素 ➡P75
- **甲狀腺** ➡P72　甲狀腺素、降鈣素 ➡P73 ➡P73
- **副甲狀腺** ➡P72　副甲狀腺素 ➡P73
- **朗格漢斯島** ➡P74　胰島素 ➡P75、升糖素 ➡P75、體抑素 ➡P75
- **腎上腺** ➡P76　醛固酮 ➡P77、皮質醇 ➡P77、雄激素 ➡P77、腎上腺素 ➡P77
- **腎臟** ➡P52　腎素 ➡P55、紅血球生成素 ➡P55
- **睪丸** ➡P56　睪酮 ➡P57
- **卵巢** ➡P58　雌激素 ➡P61、黃體素 ➡P61
- **胸腺** ➡P126　胸腺肽 ➡P75
- **心臟** ➡P84　ANP ➡P75、BNP ➡P75
- **消化道** ➡P15　胃泌素 ➡P23、胰泌素 ➡P27、膽囊收縮素 ➡P27

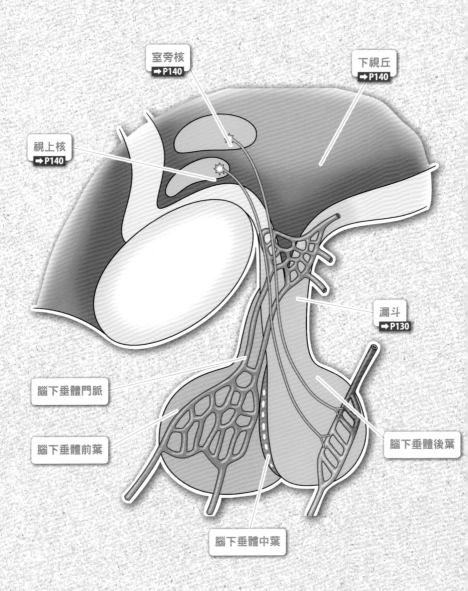

室旁核
➡P140

下視丘
➡P140

視上核
➡P140

漏斗
➡P130

腦下垂體門脈

腦下垂體前葉

腦下垂體後葉

腦下垂體中葉

下視丘是間腦的一部分，透過漏斗連結腦下垂體。這裡有控制前葉的釋
➡P140　➡P144
放、抑制激素，與合成後葉激素的細胞，也是內分泌系統的最高指揮中樞。
➡P68
※主要荷爾蒙　生長激素釋放激素（GRH）、甲狀腺促素釋素（TRH）、促性腺激素釋放激
素（Gn-RH）

▶腦下垂體【hypophysis】

位於腦中央下方的內分泌器官，透過**漏斗**連結下視丘。分為前葉和後葉，
➡P130　　　　　　　　　　➡P130　　　　➡P140
兩者之間有退化的中葉。

● **前葉**　又稱作腺垂體，會分泌下列的荷爾蒙：

※**生長激素（GH）**　有幫助骨骼生長、增強肌肉的作用。
➡P69

※**促甲狀腺激素（TSH）**　促進甲狀腺激素合成。
➡P69

※**促腎上腺皮質素（ACTH）**　會作用於腎上腺，促進生成‧分泌皮質素
➡P69　　　　　　　　　　　　　➡P76
（尤其是皮質醇）。
➡P77

※**濾泡刺激素（FSH）**　會作用於濾泡，促進濾泡成熟和增加雌激素。
➡P69　　　　　　　　　　　　　　　　　　➡P61

※**黃體成長激素（LH）**　會作用於成熟的濾泡，誘發排卵的同時促進黃體
➡P60　　　　　➡P60
形成。
➡P60

※**催乳素**　會作用於乳腺，促進乳汁分泌。
➡P81

● **後葉**　又稱作神經垂體，會分泌下列的荷爾蒙：

※**抗利尿激素**　會從後葉釋出，作用於腎臟、促進水分的回收。分泌處為
➡P52
下視丘（視上核）。
➡P140

※**催產素**　會促進子宮收縮。分泌處為下視丘（室旁核）。
➡P140

● **中葉**　在人腦中僅剩痕跡，會分泌黑色素細胞刺激素。

● **腦下垂體門脈**　連結下視丘和腦下垂體前葉的血管，能將下視丘分泌的荷爾
蒙輸送到腦下垂體前葉。

甲狀腺和副甲狀腺

【thyroid gland & parathyroid gla

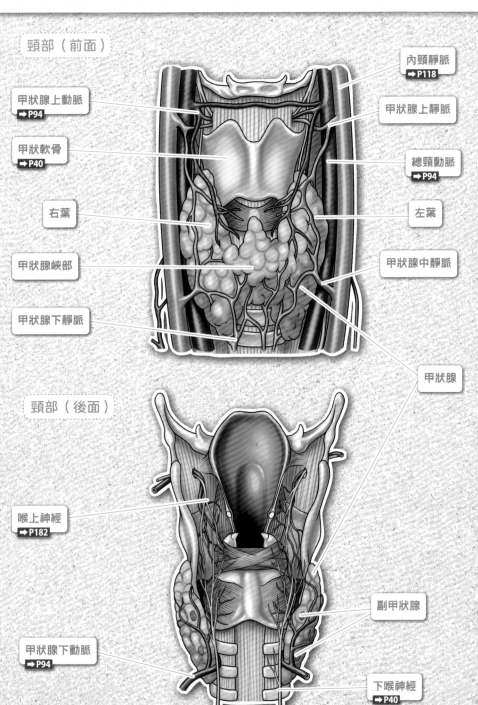

頸部（前面）

內頸靜脈
➡P118

甲狀腺上動脈
➡P94

甲狀腺上靜脈

甲狀軟骨
➡P40

總頸動脈
➡P94

右葉

左葉

甲狀腺峽部

甲狀腺中靜脈

甲狀腺下靜脈

甲狀腺

頸部（後面）

喉上神經
➡P182

副甲狀腺

甲狀腺下動脈
➡P94

下喉神經
➡P40

　　位於前頸部、呈H形的內分泌器官，由左葉、右葉和峽部構成。內部是許多濾泡的集合體，濾胞由濾胞上皮細胞和濾泡旁細胞組成，會各自生成甲狀腺素（T4）、三碘甲狀腺原氨酸（T3）和降鈣素。

● **甲狀腺濾泡**　　會分泌甲狀腺素和三碘甲狀腺原氨酸。

　※ **甲狀腺素**　　有增加基礎代謝、保持神經機能穩定的作用，和三碘甲狀腺
　　➡P69　　　原氨酸（T3）擁有相同的功能。甲狀腺素分泌過剩會導致瀰
　　　　　　　　漫性毒性甲狀腺腫，分泌不足則會造成橋本氏甲狀腺炎、黏
　　　　　　　　液水腫。

　※ **降鈣素**　　會受血液裡鈣濃度上升的刺激，從濾泡旁細胞分泌出來，作用
　　➡P69　　　於成骨細胞，使鈣離子沉積於骨基質、降低血鈣濃度。

● **副甲狀腺**【Parathyroid gland】

　　位於甲狀腺後面、約米粒大的兩對小器官，負責合成‧分泌副甲狀腺素。

　※ **副甲狀腺素（PTH）**　　會受到血液裡的鈣（Ca）濃度下降的刺激而分泌，
　　　　　　➡P69　　　作用於破骨細胞，分解骨基質裡的鈣（骨吸收）後
　　　　　　　　　　　　　使血鈣濃度上升。

胰臟

【pancre

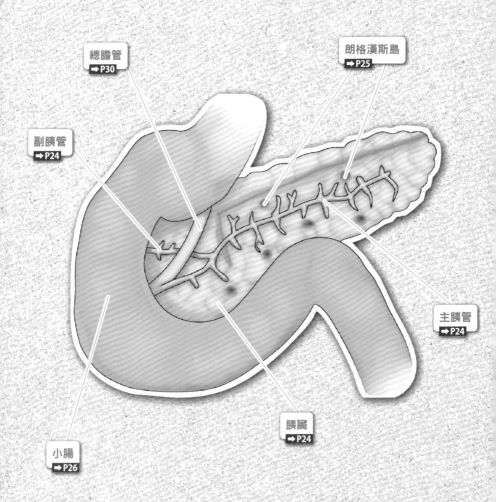

總膽管
➡P30

朗格漢斯島
➡P25

副胰管
➡P24

主胰管
➡P24

胰臟
➡P24

小腸
➡P26

胰臟內有散布於各處的內分泌組織——朗格漢斯島（胰島）。朗格漢斯島內
➡P24
部有 α 細胞、β 細胞和 δ 細胞，會各自生成不同的荷爾蒙。

●朗格漢斯島【islet of Langerhans】
➡P25

● **α 細胞**　會分泌升糖素。

　　※**升糖素**　作用於肝細胞、分解肝糖後使血糖上升。
　　➡P69　　　　　　**➡P33**

● **β 細胞**　會分泌胰島素。

　　※**胰島素**　作用於肌細胞，促進葡萄糖轉化、降低血糖。也會作用於肝細
　　➡P69　　　胞，促進肝糖合成。胰島素分泌不足會導致糖尿病。先天性分
　　　　➡P33　泌不足屬於第 1 型糖尿病，成年後才對胰島素失去敏感度者屬
　　　　　　　　　於第 2 型糖尿病。

● **δ 細胞**　會分泌體抑素。

　　※**體抑素**　有抑制胰島素和升糖素的功能。
　　➡P69

《其他荷爾蒙》
荷爾蒙會從各個器官生成・分泌，這裡僅介紹其中一部分。

※**ANP**　分泌自心房，會促進鈉（Na）和尿液排出。
※**BNP**　分泌自心室，會促進鈉和尿液排出。
※**胸腺肽**　分泌自胸腺，促使來自胸腺的淋巴球T細胞成熟。
※**瘦蛋白**　分泌自脂肪組織的類荷爾蒙物質。
※**血管收縮素**　分泌自肝臟，會促進血管收縮。
※**前列腺素**　有許多種類，會促進血管擴張・收縮。
※**腎素**　分泌自腎臟，會促進血壓上升。
※**褪黑素**　負責調節晝夜節律。

腎上腺

【adrenal gla

腎上腺的位置

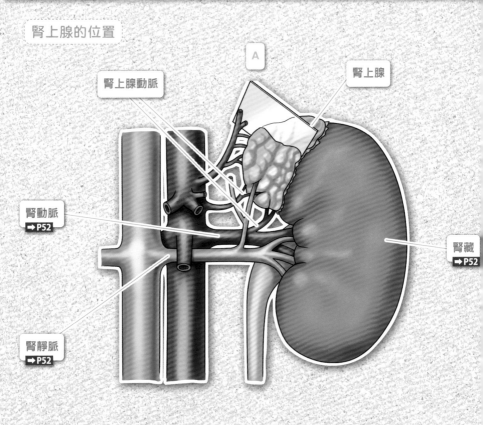

A

腎上腺動脈

腎上腺

腎動脈
➡P52

腎靜脈
➡P52

腎臟
➡P52

A的剖面

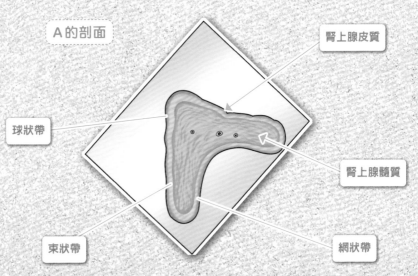

腎上腺皮質

球狀帶

腎上腺髓質

束狀帶

網狀帶

腎上腺位於腎臟上方，為左右成對的三角形扁平器官。內部分為**皮質**和**髓質**，會各自分泌類固醇激素和兒茶酚胺。皮質又分為球狀帶、束狀帶和網狀帶。
➡P52　➡P69

皮質【adrenal cortex】

位於腎上腺周圍的部分，構造分為3層。

● **球狀帶**　會分泌礦物皮質素（醛固酮）。

　　※**醛固酮**　作用於遠曲小管，促進鈉（Na）的再吸收。而水分也會隨著
　　➡P69　　Na一起重新吸收，所以也會促進血壓上升。
　　　　➡P54

● **束狀帶**　會分泌糖皮質素（皮質醇、皮質酮等等）。

　　※**皮質醇**　有糖質新生、蛋白質異化、脂肪分解和抗過敏、抗發炎的作
　　➡P69　　用，還會因壓力而大量分泌。皮質醇分泌過剩會導致庫興氏症
　　　　候群，分泌不足則會導致愛迪生氏病。

● **網狀帶**　會生成雄激素。

　　※**雄激素**　一種男性荷爾蒙。
　　➡P69

髓質【adrenal medulla】

位於皮質內側，源自神經的組織，會生成腎上腺素、正腎上腺素等荷爾蒙。

　　※**腎上腺素**　會作用於心臟和氣管，造成血壓上升、氣管擴張（擬交感神
　　➡P69　　經作用）。
　　　　➡P84　　➡P42

　　※**正腎上腺素**　會作用於血管（小動脈），造成血壓上升（擬交感神經作用）。

皮膚系統

【integument system】

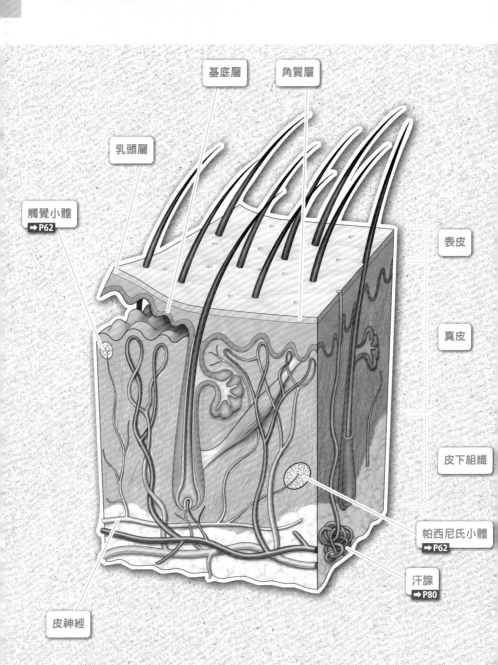

基底層

角質層

乳頭層

觸覺小體
➡P62

表皮

真皮

皮下組織

帕西尼氏小體
➡P62

汗腺
➡P80

皮神經

　皮膚是覆蓋在人體表面的最大器官，面積約 10㎡，由表皮、真皮、皮下組織所構成，負責保護人體、調節體溫、接收感覺、排泄老廢物質、生成維生素D等等。

▶表皮【epidermis】

　　3層皮膚構造中的最外層。

● **角質層**　表皮的最上層。由充滿角蛋白的死亡細胞構成，具備保護人體的物理性屏障功能。角蛋白的形成與維生素A的攝取有關。

● **透明層**　可見於手掌和腳掌的構造，有物理性緩衝作用。

● **顆粒層**　由大量的角蛋白合成。

● **棘層**　角質細胞會形成棘，且互相連接。

　　＊朗格漢斯細胞　棘層的樹狀細胞。免疫活性細胞。

● **基底層**　分布著會產生角質細胞的幹細胞和黑素細胞。

　　＊黑素細胞　會合成、釋放黑色素。

▶真皮【dermis】

　　位於表皮和皮下組織之間的構造，分為乳頭層和網狀層。

● **乳頭層**　往表皮凸出的部位。分布大量血管，可為基底層供給營養。

● **網狀層**　由蜂窩組織構成，含有許多膠原蛋白和彈性蛋白。有許多感覺接受器分布。

▶皮下組織【subcutaneous layer】

　　皮膚3層構造中的最內層，大部分為皮下脂肪。

● **皮下脂肪**　脂肪堆積在脂肪細胞所形成的構造。頸部和肩胛骨周圍的皮下分布著**棕色脂肪**，這種脂肪的特徵是有很高的產熱效率。

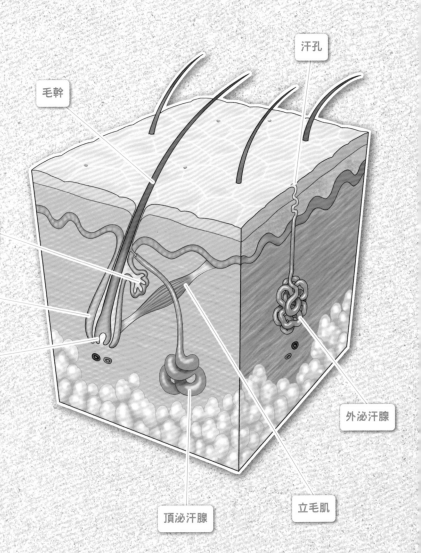

汗孔

毛幹

皮脂腺

毛囊

毛根

外泌汗腺

頂泌汗腺

立毛肌

汗腺是皮膚的附屬器官，會分出汗液；分為外泌汗腺與頂泌汗腺。

汗腺【sweat gland】
➡️P78

● **外泌汗腺** 幾乎分布於全身，前額和手掌最多。分泌出的汗液約99％都是水分，較為清澈。

● **頂泌汗腺** 會分泌富含機酸、有臭味的汗液。大多分布於腋窩、乳暈、外陰部。

※ **汗液** 由汗腺分泌出的水溶性物質。蒸發時會帶走體表的熱能。成分為水、乳酸、抗壞血酸、鈉、氯、鉀、氨等等。體溫上升時會發生**散熱出汗**，緊張時則會發生**情緒出汗**。

毛【hair】

皮膚上包裹著角蛋白的凸出構造，形狀會因所在部位而異，有頭髮、眉毛、睫毛、陰毛、胎毛等等。由毛幹、毛根構成，附有皮脂腺和立毛肌。

● **毛根** 有毛母質細胞，會不斷進行細胞分裂、增殖。

● **皮脂腺** 毛的附屬腺體，會釋出富含油脂的分泌物、預防皮膚乾燥。大多分布於頭部、鼻翼。

● **立毛肌** 毛的附屬肌肉，可使毛髮豎立（雞皮疙瘩）。受到交感神經控制時會因興奮而收縮。

指（趾）甲【nail】

覆蓋在手指（腳趾）末端的硬角蛋白構造，分為甲體和甲床。

● **甲母基** 指（趾）甲的根基。新指（趾）甲會從這裡生長。

乳腺【mammary gland】

分布於女性乳房的腺體，能分泌乳汁，分娩後會受到催乳素的刺激而促進乳汁的合成。
➡️P71

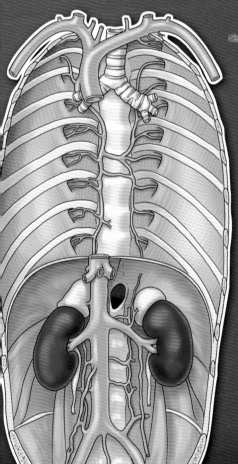

第 2 章

循環系統

Circulatory organs

循環系統 【circular system】

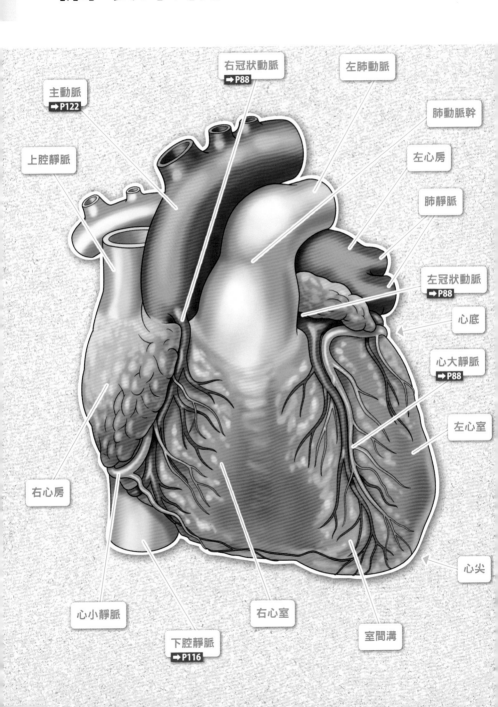

主動脈
➡P122

上腔靜脈

右冠狀動脈
➡P88

左肺動脈

肺動脈幹

左心房

肺靜脈

左冠狀動脈
➡P88

心底

心大靜脈
➡P88

左心室

右心房

心小靜脈

下腔靜脈
➡P116

右心室

室間溝

心尖

推動體液循環的系統可大致分為血液循環和淋巴循環。血液循環是由心臟和血管構成的，淋巴循環則是由淋巴管、淋巴結構成。
　　　　　　　　　　➡P125　　**➡P125**

心臟【heart】
➡P86

　　心臟位於胸腔內下方，整體的⅔位於中央偏左側，體積為一個拳頭的大小，重量約250g。內部為中空，分為**心房**和**心室**，再分左、右二邊，共有4個空間。

- **心底**　位於心臟上方血管伸出的部分（約第2肋軟骨高）。

- **心尖**　位於心臟下方的尖端處（第5肋間隙和鎖骨中線的交點）。

- **冠狀溝**　心房與心室之間的溝，有冠狀血管行經。

- **室間溝**　左右心室之間的溝。

- **右心房**　心臟右上方的空間。與**上腔靜脈**、**下腔靜脈**這兩大血管，及**冠狀靜脈竇**連接，負責回收通過這些血管回流的靜脈血。右心房與右心室相**➡P116**
通，之間有**三尖瓣**。上腔靜脈開口處的下方有**竇房結**。
　　　　➡P86　　　　　　　　　　　　　　　　　**➡P88**
　　＊卵圓窩　胎兒期的卵圓孔閉合後的痕跡。
　　➡P123　　**➡P122**

- **右心室**　心臟右下方的空間，與**肺動脈**結合。右心室通過肺動脈將靜脈血運送**➡P122**
到肺臟。肺動脈與右心室相接處有肺動脈瓣。
　　➡P44　　　　　　　　　　　　　　**➡P86**

- **左心房**　心臟左上方的空間，與**肺靜脈**結合。左心房通過肺靜脈接收來自肺部的動脈血。左心房與左心室相通，中間有**二尖瓣**。
　　　　　　　　　　　　　　　　➡P122

- **左心室**　心臟左下方的空間，與**主動脈**結合。左心室是通過最大、血管壁最厚**➡P122**
的主動脈，將動脈血輸送至全身。

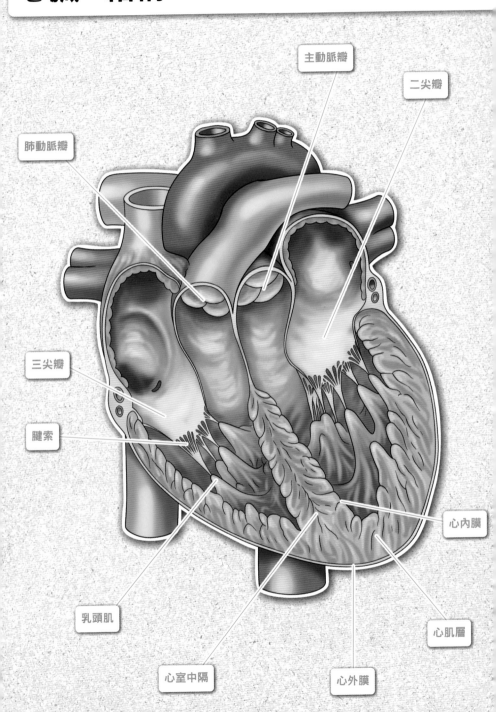

主動脈瓣

二尖瓣

肺動脈瓣

三尖瓣

腱索

心內膜

乳頭肌

心肌層

心室中隔

心外膜

心臟內部有作為幫浦動力的心肌層，以及包覆在外的薄膜，和防止血液倒流的瓣膜。

●心臟壁【cardiac wall】

　　心臟壁是由心內膜、心肌層和心外膜構成，最外層還有心包膜。

● **心內膜**　包覆心臟壁最內層的結締組織性薄膜。

● **心肌層**　由特殊的心肌構成。有分隔心房與心室的纖維環附著。

● **心外膜（臟層心包膜）**　包覆在心臟最外層的漿膜，在大血管的根部折返後繼續包覆在外側（**壁層心包膜**）。這兩層心包膜形成的空間稱作**心包腔**；因為有這個空間，心臟才能順利搏動不受阻礙。

●心瓣【heart valves】

　　心臟的瓣膜大致分為心房 — 心室之間的房室瓣，以及心室 — 主動脈之間的動脈瓣。

● **房室瓣（尖瓣）**　尖瓣是透過**腱索**附著於**乳頭肌**上，以防翻轉。

　　＊三尖瓣　右邊房室之間的瓣膜。

　　＊二尖瓣（僧帽瓣）　左邊房室之間的瓣膜。

● **動脈瓣（半月瓣）**　右邊稱作**肺動脈瓣**，左邊稱作**主動脈瓣**。

　　＊主動脈瓣　左心室與主動脈之間的瓣膜。
　　　➡P84　　➡P84
　　＊肺動脈瓣　右心室與肺動脈之間的瓣膜。
　　　➡P84　　➡P122

心血管與心臟電傳導系統 【coronary circulation & electrical conduction system of h

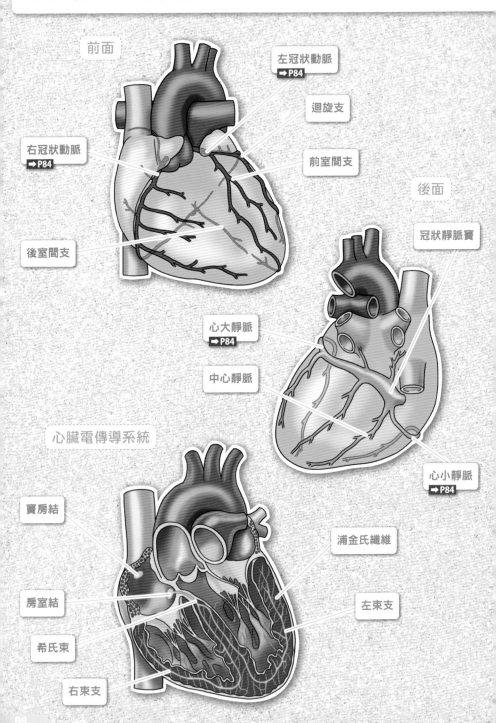

前面

左冠狀動脈
➡P84

迴旋支

前室間支

右冠狀動脈
➡P84

後室間支

後面

冠狀靜脈竇

心大靜脈
➡P84

中心靜脈

心小靜脈
➡P84

心臟電傳導系統

竇房結

浦金氏纖維

房室結

左束支

希氏束

右束支

心臟周圍有動脈與靜脈形成的冠脈循環，以便為心肌供應血液。

冠狀動脈【coronary arteries】

- **左冠狀動脈** 從主動脈分離後即分成前室間支與迴旋支。
  →P84　　　　　　　　　　　→P84
  - *前室間支 沿著前室間溝下行，分布於左心室和右心室的前壁。
    →P84
  - *迴旋支 沿著左冠狀溝延伸，分布於左心室側壁。

- **右冠狀動脈** 沿著右冠狀溝往後方延伸，在右心室側壁分支。
  →P84
  - *後室間支 沿著後室間溝下行。
    →P84

冠狀靜脈【coronary veins】

- **冠狀靜脈竇** 沿著冠狀溝延伸，進入右心房。
  →P84
- **心大靜脈** 沿著前室間溝上行，移行至冠狀靜脈竇。
  →P84
- **中央靜脈** 沿著後室間溝上行，進入冠狀靜脈竇。
- **心小靜脈** 從右冠狀溝進入冠狀靜脈竇。
  →P84

心臟電傳導系統【electrical conduction system of the heart】

為了讓心臟搏動而將由竇房結發出的電氣刺激傳導至整個心肌的過程。

- **竇房結（SA node）** 上腔靜脈下方與右心房壁上的特殊心肌細胞，會發出電
  →P84　　　　　　　　　氣刺激、形成心跳的節律。

- **房室結（AV node）** 位於右心房下方、與心室的交界處，接收到心房肌的收縮
  後，將電氣刺激傳至希氏束。

- **希氏束** 從房室結延伸出的連續組織，進入心室中隔後分成左束支和右束支。
  →P86

- **浦金氏纖維** 左束支和右束支末端的分岔部分，會將興奮傳導至心肌。

脳動脈

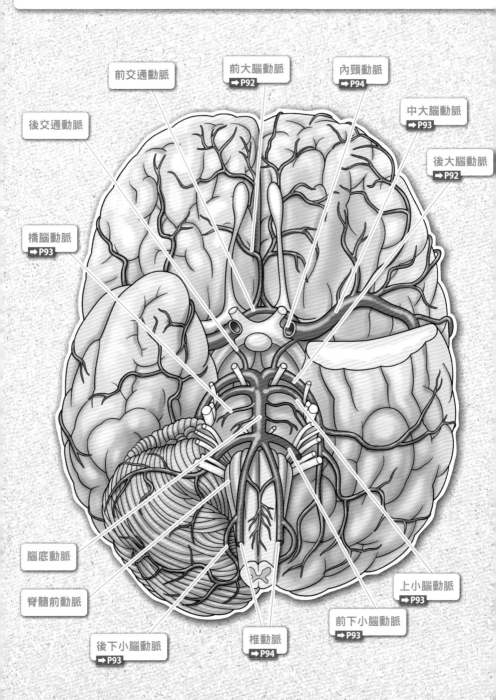

後交通動脈

前交通動脈

前大脳動脈
➡ P92

内頸動脈
➡ P94

中大脳動脈
➡ P93

後大脳動脈
➡ P92

橋脳動脈
➡ P93

脳底動脈

脊髄前動脈

上小脳動脈
➡ P93

後下小脳動脈
➡ P93

椎動脈
➡ P94

前下小脳動脈
➡ P93

為大腦供給血液的，有內頸動脈和椎動脈 2 個系統，在腦底形成**大腦動脈**
➡P130　　　　　➡P94　➡P94　　　　　➡P132
環（威利氏環），延伸出分布於大腦的分支。

循環系統

- **前大腦動脈**　分布於額葉和頂葉內側。
  ➡P92　　　　　　➡P137　➡P137
  - ＊前交通動脈　連結左右兩邊的前大腦動脈。

  - ＊胼胝體緣動脈　沿著胼胝體往後延伸，分布於腦半球的內側面。
    ➡P92　　　　➡P142
- **中大腦動脈**　分布於額葉、頂葉、顳葉側壁和基底核周圍。
  ➡P93　　　　　　➡P137　➡P137
  - ＊前外側中央動脈　分布於內囊、大腦基底核、視丘。
    ➡P138　　　　➡P168　➡P138
  - ＊中央溝動脈　沿著中央溝延伸，分布於中央前迴、後迴。
    ➡P92　　　　➡P130　　　　➡P134　➡P134
  - ＊中顳動脈　分布於顳葉表面。
    ➡P92　　　➡P137
  - ＊角迴動脈　沿著外側溝延伸，分布於角迴周圍。
    ➡P92　　　➡P130　　　　➡P134
- **後大腦動脈**　分布於顳葉下方及枕葉。
  ➡P92　　　　　➡P137
  - ＊後交通動脈　連結內頸動脈和後大腦動脈。
    ➡P94
  - ＊頂枕支　分布於頂葉和枕葉內側。
    ➡P92　　➡P137　➡P137
  - ＊距狀支　沿著枕葉的距狀溝延伸。
    ➡P92　　➡P138

腦底動脈【basilar artery】

　　左右椎動脈在橋腦下端附近匯合而成的動脈。
　　➡P94　➡P144

- **上小腦動脈**　分布於小腦半球上方。
  ➡P93　　　　➡P154
- **前下小腦動脈**　在橋腦分支，主要分布於小腦蚓部、小葉。
  ➡P93　➡P144　　　　　　　➡P154　➡P154
  - ＊迷路動脈　通過內耳道、分布於內耳。
    ➡P67
- **後下小腦動脈**　從椎動脈分岔後，分布於延腦和小腦後下方。
  ➡P93　　➡P94　　　　➡P144

眼動脈【ophthalmic artery】

　　從內頸動脈分岔後進入眼窩，分布於眼球、眼肌和淚腺。
　　➡P94　　　　　➡P64　➡P64　➡P65

- **視網膜中央動脈**　和視神經一同進入眼球、分布於視網膜。
  ➡P172　　　　　　　➡P64

腦的**動脈分布**

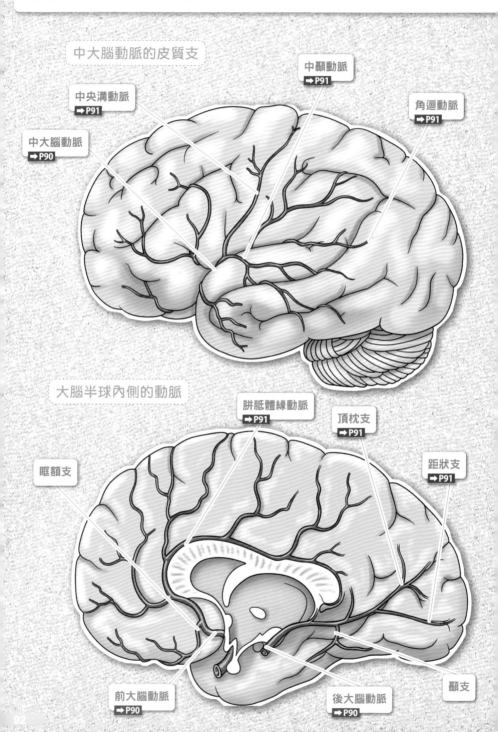

中大腦動脈的皮質支

中顳動脈
➡P91

中央溝動脈
➡P91

角迴動脈
➡P91

中大腦動脈
➡P90

大腦半球內側的動脈

胼胝體緣動脈
➡P91

頂枕支
➡P91

距狀支
➡P91

眶額支

前大腦動脈
➡P90

後大腦動脈
➡P90

顳支

中大腦動脈的分布

豆狀核紋狀體動脈

中大腦動脈
➡ P90

小腦・腦幹的動脈
➡ P90

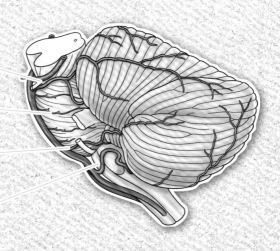

上小腦動脈
➡ P90

橋腦動脈
➡ P90

前下小腦動脈
➡ P90

後下小腦動脈
➡ P90

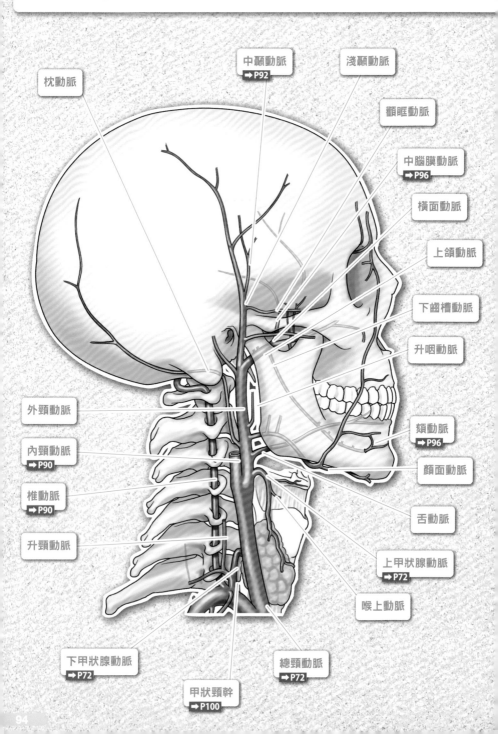

枕動脈

中顳動脈
→P92

淺顳動脈

顳眶動脈

中腦膜動脈
→P96

橫面動脈

上頜動脈

下齒槽動脈

升咽動脈

外頸動脈

內頸動脈
→P90

椎動脈
→P90

升頸動脈

頰動脈
→P96

顏面動脈

舌動脈

上甲狀腺動脈
→P72

喉上動脈

下甲狀腺動脈
→P72

甲狀頸幹
→P100

總頸動脈
→P72

頭頸部分布著從總頸動脈分出的內頸動脈與外頸動脈。內頸動脈延伸至 →P72　　　　→P90
顱內，外頸動脈則朝向臉、口腔、鼻腔、頸部分支。 →P36

● **上甲狀腺動脈**　分布於頸部前方的各個器官、**舌骨下肌**。
　→P72

　* 喉上動脈　分布於喉頭的黏膜與**喉內肌群**。
　　　→P40　　　　　　　　→P41

　* 胸鎖乳突肌支　分布於**胸鎖乳突肌**。
　　　　　　　　→P178

● **舌動脈**　分布於舌外在肌和舌頭。
　　　→P17　→P17

　* 舌骨支、舌下動脈、舌深動脈　舌動脈的分支。
　　→P97

● **升咽動脈**　沿著咽頭上行，分布於咽頭和椎前肌。
　　　→P21

● **顏面動脈**　貫通頜下腺、延伸分布至表層的表情肌。
　　　→P19

　* 頦下動脈　分布於下顎邊緣。
　　→P97

　* 下唇動脈　分布於下唇。

　* 眼角動脈　沿著臉部上行、直達內眼角。

　* 升腭動脈、扁桃支、腺支　顏面動脈的分支。
　　→P97

● **上頜動脈**　進入顳下凹，分布於嚼肌、牙齒、腭、鼻腔。
　　　　　　→P17 →P16　→P36

　* 深耳動脈　分布於外耳道和鼓膜。
　　→P96　　　　→P66　→P66

　* 鼓前動脈　分布於鼓室。
　　→P96　　　　→P66

　* 中腦膜動脈　穿過棘孔，分布於硬腦膜。
　　→P96　　　　　　　　→P118

　* 下齒槽動脈　分布於頦舌骨肌、下齒，形成頦動脈。
　　　　　　　　　　　　　　　　　→P96

　* 深顳動脈　分布於**顳肌**。
　　→P96

　* 嚼肌動脈　分布於**嚼肌**。
　　→P96　　　　→P17

　* 翼肌支　分布於**翼肌**。
　　→P96

● **枕動脈**　沿著後腦杓上行，分布於後腦部皮下。

● **耳後動脈**　分布於腮腺、鼓室、耳廓後方。
　　　　→P19　→P66　→P67

● **淺顳動脈**　沿著顳部上行，分布於顳部皮下。

臉的動脈分布

【distribution of arteries in fa

淺層

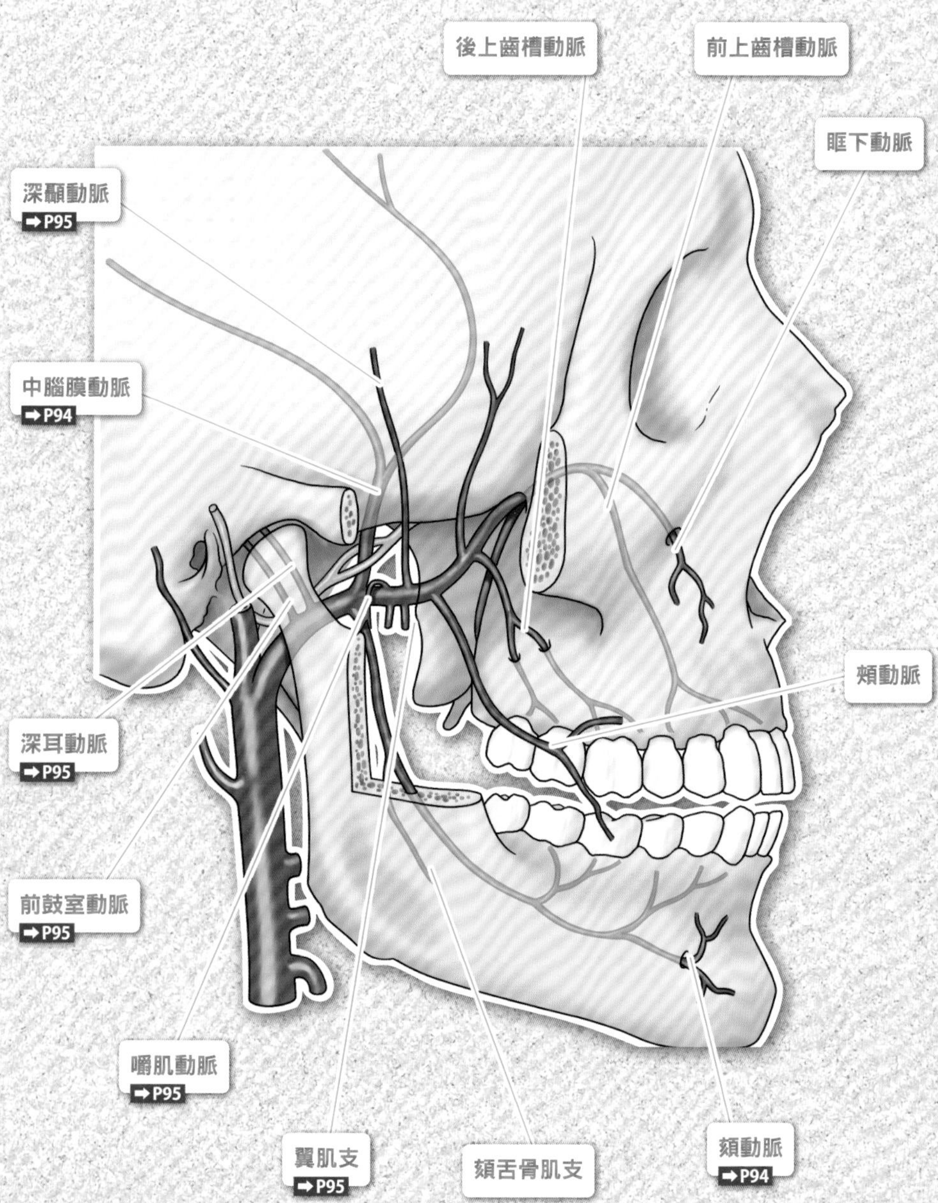

後上齒槽動脈

前上齒槽動脈

眶下動脈

深顳動脈
➡P95

中腦膜動脈
➡P94

深耳動脈
➡P95

頰動脈

前鼓室動脈
➡P95

嚼肌動脈
➡P95

翼肌支
➡P95

頰舌骨肌支

頰動脈
➡P94

深層

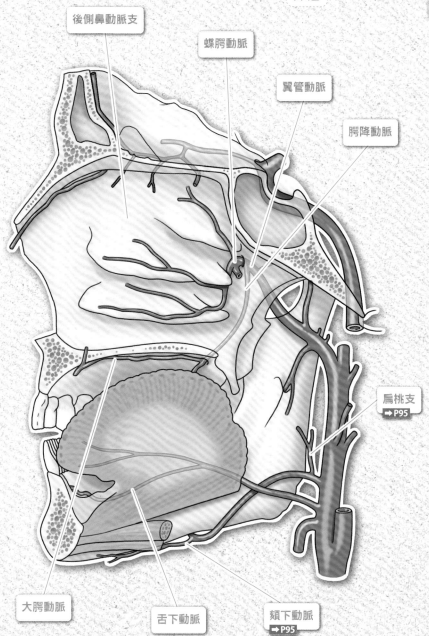

後側鼻動脈支

蝶腭動脈

翼管動脈

腭降動脈

扁桃支
➡ P95

大腭動脈

舌下動脈

頦下動脈
➡ P95

胸部動脈

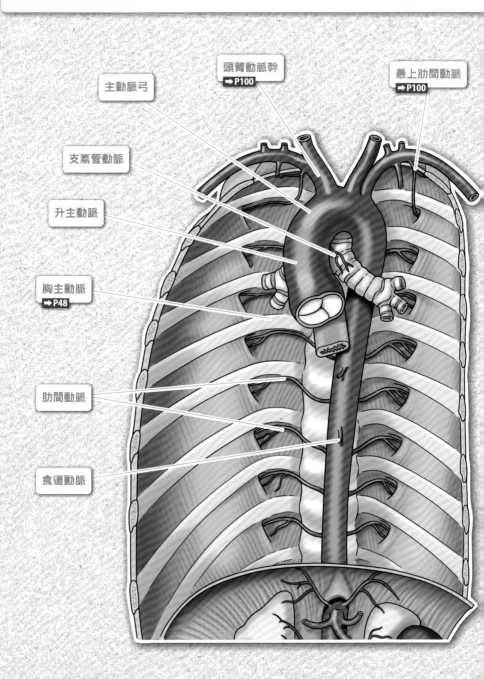

主動脈弓

頭臂動脈幹
→ P100

最上肋間動脈
→ P100

支氣管動脈

升主動脈

胸主動脈
→ P48

肋間動脈

食道動脈

離開左心室的主動脈，會分成升主動脈、主動脈弓、降主動脈。降主動脈
➡ P84　**➡ P84**
依行經部位，又分為胸主動脈和腹主動脈。
　　　　　➡ P48

●升主動脈【ascending aorta】

從左心室主動脈口延伸出的動脈，往上升後移行至主動脈弓。

● **冠狀動脈**　從升主動脈延伸出的唯一分支，分布於心臟。
　　　　　　　　　　　　　　　　　　　➡ P84

　＊**左冠狀動脈**　在前室間支和迴旋支分岔。
　　　➡ P88　　　**➡ P88**　　**➡ P88**

　＊**右冠狀動脈**　沿著冠狀溝往後繞、成為後室間支。
　　　➡ P84　　　　　　　　　　　　　**➡ P88**

●主動脈弓【aortic arch】

延續升主動脈的部位，彎折後連接降主動脈，分出以下3條分支。

● **頭臂動脈幹**　主動脈弓的第一個分支，長約2 cm，立刻分岔為右總頸動脈和
　　　➡ P100　　右鎖骨下動脈。　　　　　　　　　　　**➡ P72**

● **左總頸動脈**　延伸至頭頸部的分支。

● **左鎖骨下動脈**　延伸至上肢的分支，也分岔延伸至頸部、胸部。

　＊**最上肋間動脈**　分布於第1和第2肋間。
　　　➡ P100

　＊**內胸動脈**　沿著內胸壁下行，與肋間動脈匯合後繼續下行，穿越橫膈膜
　　　➡ P100　成為**上腹壁動脈**。

●胸主動脈【thoracic aorta】

延續主動脈弓的部位。進入腹腔後移行至腹主動脈。

● **支氣管動脈**　沿著支氣管進入肺部，為支氣管供給營養。
　　　　　　　　➡ P42　　**➡ P44**

● **食道動脈**　為好幾條細長的分支，分布於食道。
　　　　　　　　　　　　　　　　　➡ P21

● **肋間動脈**　沿著肋骨溝延伸，分布於**肋間肌**。下方的動脈則分布於**腹斜肌群**。

● **上膈動脈**　位於胸主動脈下段，分布於橫膈膜的細長分支。
　　　　　　　➡ P48

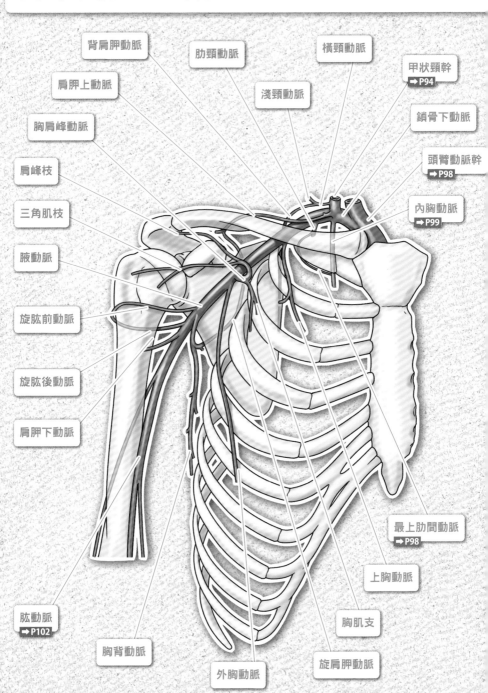

背肩胛動脈

肩胛上動脈

胸肩峰動脈

肩峰枝

三角肌枝

腋動脈

旋肱前動脈

旋肱後動脈

肩胛下動脈

肋頸動脈

淺頸動脈

橫頸動脈

甲狀頸幹
➡P94

鎖骨下動脈

頭臂動脈幹
➡P98

內胸動脈
➡P99

最上肋間動脈
➡P98

上胸動脈

肱動脈
➡P102

胸背動脈

外胸動脈

旋肩胛動脈

胸肌支

胸帶周圍分布著鎖骨下動脈和腋動脈的分支。

鎖骨下動脈【subclavian artery】

右邊分岔出頭臂動脈幹，左邊則分岔出多條主動脈弓的分支。
➡P98　　　　　　　　　　　　　　　　　➡P98

● **甲狀頸幹**　分岔後立刻又分出3條分支。
➡P94

　＊甲狀腺下動脈　分出升頸動脈和喉動脈。
　　➡P72　　　　　　　　　➡P94

　＊橫頸動脈　分出淺頸動脈（**提肩胛肌**）和背肩胛動脈（**菱形肌**）。

　＊肩胛上動脈　分布於**棘上肌**、**棘下肌**。

● **肋頸動脈**　延伸自鎖骨下動脈的後面。

　＊最上肋間動脈　沿著第一條肋骨分布。
　　➡P98

● **椎動脈**　沿著頸椎橫突孔上行至大腦，形成腦底動脈。
➡P94　　　　　　　　　　　　　➡P130　　　　　　　➡P90

● **內胸動脈**　在前胸壁與肋間動脈匯合並下行，形成上腹壁動脈。
➡P99　　　　　　　　　➡P98

腋動脈【axillary artery】

從鎖骨下動脈延伸而出，通過腋窩後成為肱動脈。
➡P102

● **上胸動脈**　從根部分岔、分布於胸肌。

● **胸肩峰動脈**　從中間部分岔、分布於胸肌群。

　＊肩峰支　分布於三角肌和**肩鎖關節**。

　＊三角肌支　分布於**三角肌**和**胸大肌**。

　＊胸肌支　分布於**前鋸肌**、**胸大肌**和**胸小肌**。

● **外胸動脈**　沿著前胸壁下行、分布於**前鋸肌**和乳腺。
➡P81

● **肩胛下動脈**　分布於大圓肌、肩胛下肌後分岔成2條。

　＊旋肩胛動脈　分布於**大・小圓肌**，與肩胛上動脈相通。

　＊胸背動脈　沿著側胸壁下行、分布於**背闊肌**。

● **旋肱後動脈**　繞過肱骨後，與旋肱前動脈相通。

● **旋肱前動脈**　行經解剖頸前面，分布於喙肱肌。
➡P188

上肢動脈

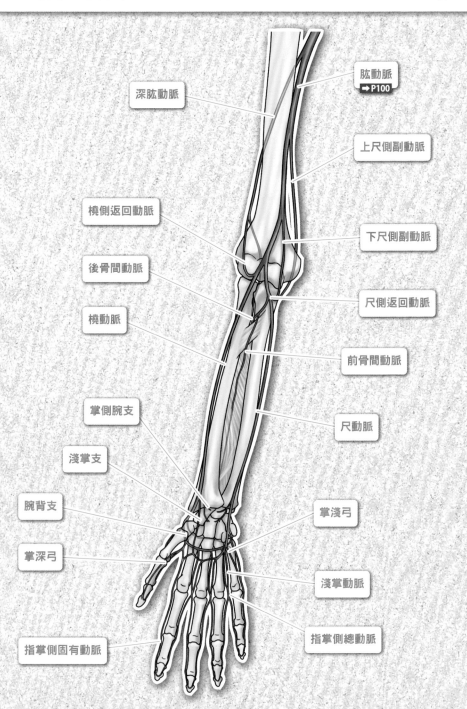

深肱動脈

肱動脈
➡P100

上尺側副動脈

橈側返回動脈

下尺側副動脈

後骨間動脈

尺側返回動脈

橈動脈

前骨間動脈

掌側腕支

尺動脈

淺掌支

腕背支

掌淺弓

掌深弓

淺掌動脈

指掌側固有動脈

指掌側總動脈

通往上肢的動脈為肱動脈，以及後面接續的橈動脈、尺動脈及分支。

肱動脈【brachial artery】
→P100

從腋動脈移行的動脈，延著肱骨前面下行，在**肱肌**與**肱二頭肌**處分支，
→P100
又於肘部分成橈動脈和尺動脈。

● **深肱動脈**　在肱骨後方的肱三頭肌處分支並下行。

　＊三角肌支　分布於**三角肌**。
　　→P100
　＊橈側副動脈　接續深肱動脈，沿著上臂外側下行。
　＊中側側支動脈　在肘關節上方分岔，形成肘關節動脈網。

● **上尺側副動脈**　在上臂中段分岔，沿著尺骨側下行。

● **下尺側副動脈**　在肘關節上方分岔，與肘關節動脈網和尺側返回動脈匯合。

橈動脈【radial artery】

在肘窩從肱動脈分出，沿著前臂橈骨側下行，直到手掌。

● **橈側返回動脈**　在肘外側返回，與橈側副動脈匯合。

● **淺掌支**　在魚際（拇指根部掌上凸起的肌肉）處分岔，形成掌淺弓。

● **掌側腕支**　在**大魚際肌**分支，形成腕動脈網。

尺動脈【ulnar artery】

在肘窩從肱動脈分出，沿著前臂尺骨側下行，直到手掌。

● **尺側返回動脈**　在肘內側返回，與尺側副動脈匯合。

● **總骨間動脈**　分岔成前骨間動脈和後骨間動脈。

● **掌淺弓**　橈動脈和尺動脈在手掌淺層匯合，分岔出指動脈（**指掌側總動脈、指掌側固有動脈**）。

● **掌深弓**　分布於手掌深層，由橈動脈與尺動脈匯合形成，再分岔出指動脈。

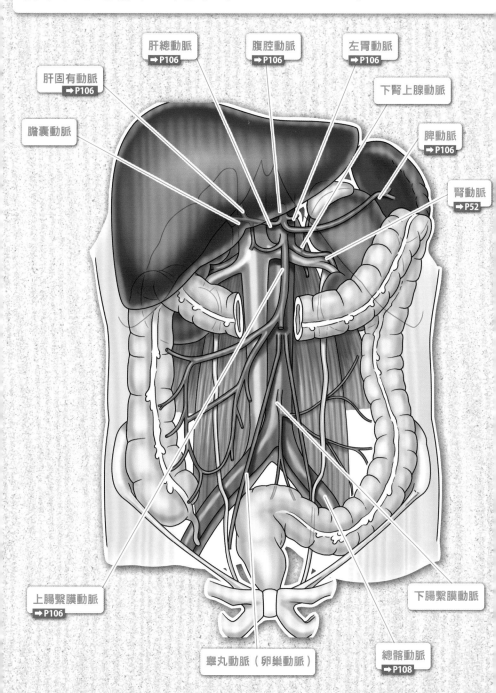

肝總動脈
➡ P106

腹腔動脈
➡ P106

左胃動脈
➡ P106

肝固有動脈
➡ P106

下腎上腺動脈

膽囊動脈

脾動脈
➡ P106

腎動脈
➡ P52

上腸繫膜動脈
➡ P106

下腸繫膜動脈

睪丸動脈（卵巢動脈）

總髂動脈
➡ P108

腹主動脈會分出許多成對或單一的分支。

腹腔動脈【celiac artery】
→P106

從腹主動脈分岔成3條，分布於上腹部內臟。

● **肝總動脈** 分布於肝臟、膽囊、十二指腸。
→P106　→P30　→P24

＊肝固有動脈 分布於肝實質細胞和膽囊（膽囊動脈）。
→P106

＊右胃動脈 沿著胃小彎左行、與左胃動脈匯合。
→P22

＊胃十二指腸動脈 分出右胃網膜動脈和胰十二指腸上動脈等細分支，形
→P106　成胰十二指腸上動脈，再與上腸繫膜動脈分出的胰十
二指腸下動脈匯合。
→P106

● **左胃動脈** 沿著小彎延伸，與右胃動脈匯合。
→P106

● **脾動脈** 橫跨胃的後面、行經胰支和胃短動脈後抵達脾臟。
→P106　→P106　→P106　→P126

上腸繫膜動脈【superior mesenteric artery】
→P106

形成從空腸分布到橫結腸的動脈網（胰十二指腸下動脈、空腸動脈、迴腸動脈、
→P28　→P107　→P107
迴結腸動脈、右結腸動脈、中結腸動脈）
→P107　→P107

下腸繫膜動脈【inferior mesenteric artery】

腹主動脈中段的分支，再分岔延伸至後續的結腸（**左結腸動脈**、乙狀結腸動
→P29　→P107
脈），以及直腸上段（**上直腸動脈**）。
→P107　→P28　→P107

腎動脈【renal artery】
→P52

從腹主動脈分岔而成，進入腎臟。另外還分出腎上腺的分支（**下腎上腺動脈**）。
→P52　→P76

睪丸（卵巢）動脈【testicular（ovarian）artery】

沿著腹腔下行、直達骨盆腔。睪丸動脈通過腹股溝管延伸至睪丸，卵巢動
→P56
脈則分布於卵巢。

其他分支

除了上述以外，還分出中腎上腺動脈、下膈動脈、腰動脈等分支。

腹腔內臟的動脈分布 【distribution of arteries in abdominal org...

胃的動脈分布

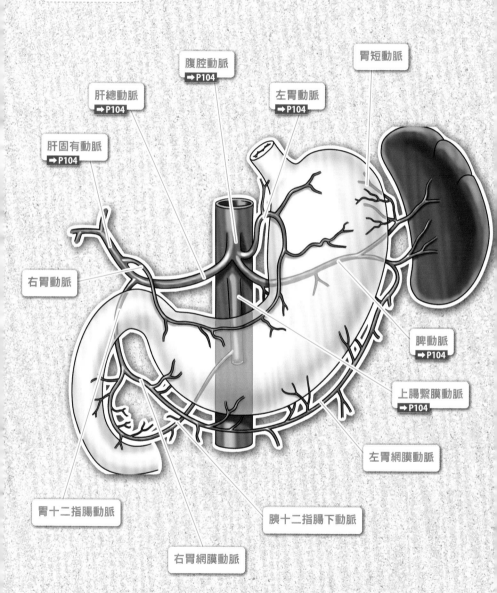

腹腔動脈
➡ P104

胃短動脈

肝總動脈
➡ P104

左胃動脈
➡ P104

肝固有動脈
➡ P104

右胃動脈

脾動脈
➡ P104

上腸繫膜動脈
➡ P104

左胃網膜動脈

胃十二指腸動脈

胰十二指腸下動脈

右胃網膜動脈

下消化道的動脈分布

胰十二指腸下動脈

右結腸動脈

右側

空腸動脈

左側

迴結腸動脈

迴腸動脈

左結腸動脈

上直腸動脈

乙狀結腸動脈

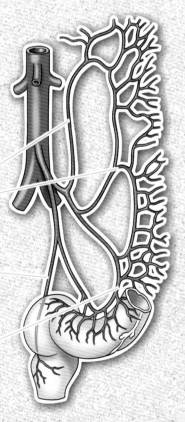

骨盆周圍的動脈

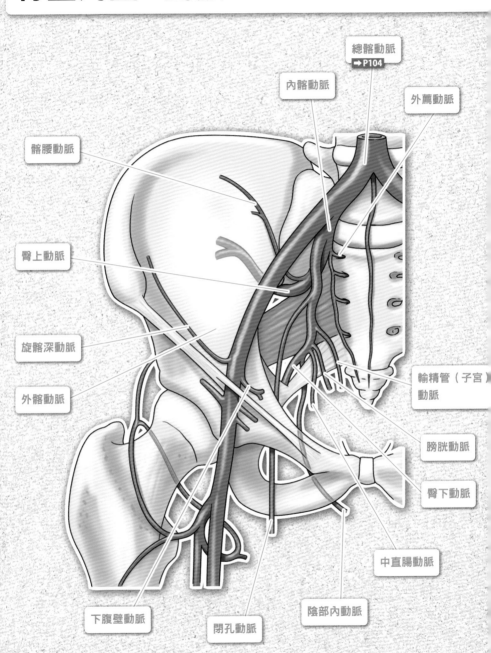

總髂動脈
→P104

內髂動脈

外薦動脈

髂腰動脈

臀上動脈

旋髂深動脈

外髂動脈

輸精管（子宮）動脈

膀胱動脈

臀下動脈

中直腸動脈

下腹壁動脈

閉孔動脈

陰部內動脈

骨盆周圍分布著總髂動脈及其分岔出來的外‧內髂動脈的分支。

總髂動脈【common iliac artery】
➡P104
在骨盆入口處從腹主動脈分岔，後續分成外髂動脈和內髂動脈。

外髂動脈【external iliac artery】
通過血管腔隙後形成股動脈，分布於下肢。
➡P110
- **下腹壁動脈** 沿著內腹壁上行，分布於腹肌群。
- **旋髂深動脈** 分布於腹肌和**髂肌**。

內髂動脈【internal iliac artery】
分布於骨盆壁和骨盆中的臟器上，各分出5條分支。

◆ **壁枝**

- **髂腰動脈** 從根部分岔出來，分布於**髂肌**。
- **外薦動脈** 沿著薦骨外側下行。
- **臀上動脈** 通過梨狀肌上孔，分布於**臀中肌**和**臀小肌**。
- **臀下動脈** 通過梨狀肌下孔，分布於**臀大肌**。
- **閉孔動脈** 通過閉膜管、離開骨盆腔後，分布於**內收肌群**。

  ＊後枝 分布於**骨盆底部**，分支**髖臼支**通過股骨頭韌帶後直達股骨頭。
  ➡P197　　　　　　　　　　　➡P111

◆ **臟枝**

- **膀胱動脈（上、下）** 分成上下兩支，分布於膀胱壁。
  ➡P50
- **輸精管（子宮）動脈** 分布於輸精管、攝護腺、輸卵管、子宮。
  ➡P57　➡P56　➡P58　➡P58
- **中直腸動脈** 分布於直腸中部。
  ➡P28
- **陰部內動脈** 通過梨狀肌下孔後，分布於會陰和外陰部。

  ＊下直腸動脈 分布於直腸下段和肛門。
  ➡P28

下肢動脈①

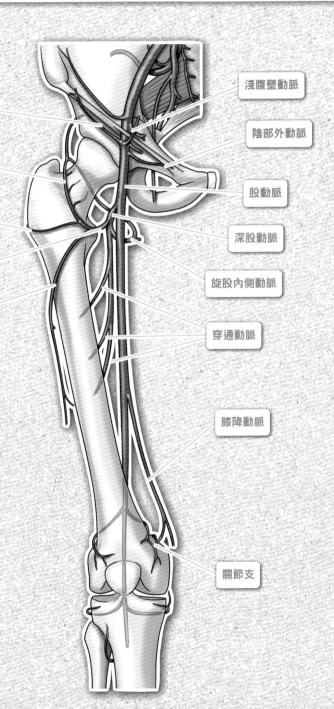

旋髂淺動脈

升支

橫支

旋股外側動脈

降支

淺腹壁動脈

陰部外動脈

股動脈

深股動脈

旋股內側動脈

穿通動脈

膝降動脈

關節支

下肢分布著股動脈及相連的膕動脈的分支。

●股動脈【femoral artery】

接續外髂動脈，沿著大腿前面下行，通過內收肌管後形成**膕動脈**。中間又
分出往**股四頭肌**和**縫匠肌**的肌支、深股動脈、旋股動脈。
➡P112 ➡P112

- **淺腹壁動脈**　沿著前腹壁上行，分布於前腹壁。

- **旋髂淺動脈**　沿著外腹壁和腹股溝韌帶上行，分布於鼠蹊部的皮膚。

- **陰部外動脈**　沿著腹股溝韌帶下行，直達外陰部的皮膚。

- **深股動脈**　從股動脈分岔後沿著大腿深處下行，在大腿後肌群（**半腱肌、半膜肌、股二頭肌**）分支。

  * 旋股外側動脈　從深動脈分岔後延伸到外側。

  　**升支　繞到股骨頭前方、與旋股內側動脈匯合。

  　**橫支　橫向延伸至大轉子。

  　**降支　分布於股外側肌。

  * 旋股內側動脈　從深動脈分岔後延伸到內側。

  　**升支　繞到股骨頭後面、與旋股外側動脈匯合。

  　深支　分布於股方肌、內收大肌**。

  　**髖臼支　與閉孔動脈延伸的同名分支匯合，分布於股骨頭。
  ➡P108
  * 穿通動脈　分成3條進入股骨體。

- **膝降動脈**　從股動脈分岔、沿著大腿內側下行。

  * 隱支　與隱神經伴行，分布於大腿內側下方。
  ➡P196
  * 關節支　形成膝關節動脈網。

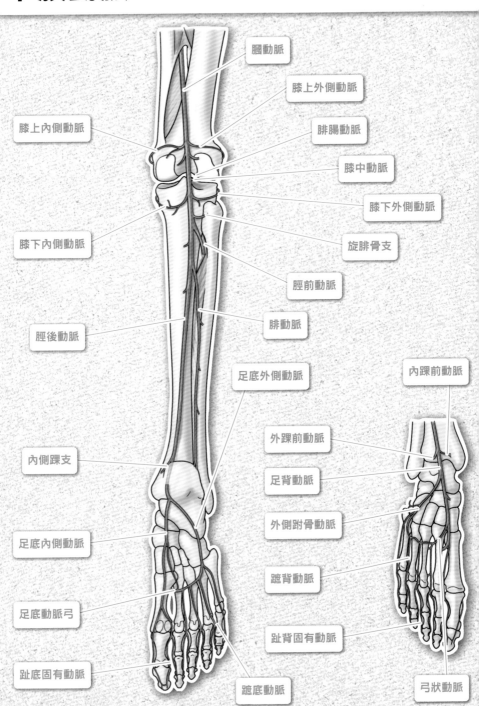

膕動脈

膝上外側動脈

膝上內側動脈

腓腸動脈

膝中動脈

膝下外側動脈

膝下內側動脈

旋腓骨支

脛前動脈

脛後動脈

腓動脈

足底外側動脈

內踝前動脈

內側踝支

外踝前動脈

足背動脈

足底內側動脈

外側跗骨動脈

蹠背動脈

足底動脈弓

趾背固有動脈

趾底固有動脈

蹠底動脈

弓狀動脈

股動脈通過**內收肌管**後成為膕動脈，往下延伸在膕窩下方分成脛前動脈和
脛後動脈。➡P110

膕動脈【popliteal artery】

● **膝上外側・內側動脈**　在膝上部分岔，分布於關節周圍。

● **膝下外側・內側動脈**　在膝下部分岔，分布於關節周圍。

● **膝中動脈**　分布於膝關節。

● **腓腸動脈**　分布於腓腸肌。

脛前動脈【anterior tibial artery】

　　從膕動脈分出，通過小腿骨間膜上方後，沿著小腿前側下行，分支供應
脛前肌和**腓骨長・短肌**的營養需求，形成足背動脈。

● **脛後返動脈**　分布於膝關節和脛腓關節。

● **足背動脈**　接續脛前動脈，分布於腳背。

　　＊外側跗骨動脈　沿著腳內側下行，形成弓狀動脈。

　　＊弓狀動脈　延伸出蹠背動脈，接著成為**趾背動脈**。

脛後動脈【posterior tibial artery】

　　從膕動脈分出，向**腿後肌群**分枝、沿著小腿後面下行，到腳底後成為足底
外側和內側動脈。

● **腓動脈**　在腓骨後面沿著腓骨下行，分岔出肌支（**脛後肌、腓短肌**）。

● **足底內側動脈**　分布於拇趾側，與外側動脈匯合後形成足底動脈弓。

● **足底外側動脈**　分布於小趾側，與內側動脈匯合。

　　＊足底動脈弓　由足底外側和內側動脈匯合形成，分岔出蹠底動脈，接著
　　　　　　　　　成為**趾底動脈**。

皮靜脈系統

【superficial venous syste

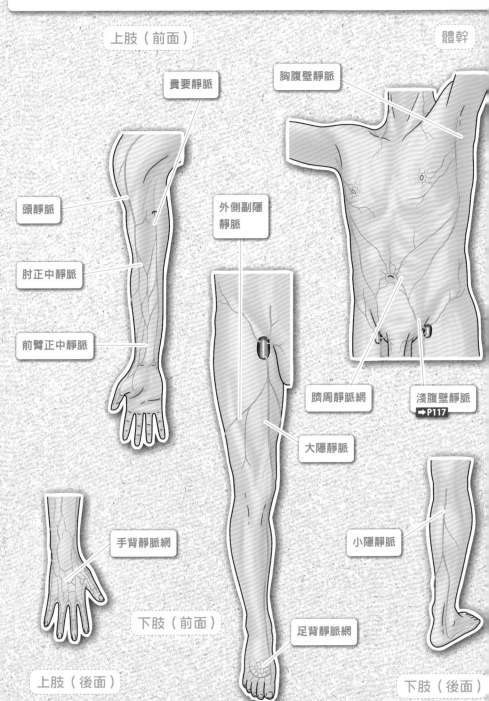

上肢（前面）

體幹

貴要靜脈

胸腹壁靜脈

頭靜脈

外側副隱
靜脈

肘正中靜脈

前臂正中靜脈

臍周靜脈網

淺腹壁靜脈
➡P117

大隱靜脈

手背靜脈網

小隱靜脈

下肢（前面）

足背靜脈網

上肢（後面）

下肢（後面）

　皮靜脈系統是指分布於靠近體表皮下的靜脈系統，在四肢和體幹（腹部）上都明顯可見，特徵是沒有伴行的動脈。因為靠近體表，所以常用於靜脈注射和打點滴。

◆ 上肢

- **前臂正中靜脈**　沿著前臂正中央上行的皮靜脈，匯入肘正中靜脈和頭靜脈。

- **肘正中靜脈**　沿著肘窩的中央上行。

- **頭靜脈**　始於手背靜脈網，沿著上肢橈骨側上行，通過三角胸肌間溝後注入鎖骨下靜脈。

- **貴要靜脈**　始於手掌靜脈網，沿著上肢尺骨側上行，注入腋靜脈。

◆ 下肢

- **大隱靜脈**　始於足背靜脈網，沿著下肢內側上行、與**外側隱靜脈**匯合，於隱靜脈孔注入大腿靜脈。

- **小隱靜脈**　始於足背靜脈網，沿著小腿後側上行，在膕窩處注入膕靜脈。

◆ 體幹

- **臍周靜脈網**　臍周圍的靜脈網，與內腹壁相通。

- **胸腹壁靜脈**　始於臍靜脈網，沿著體幹側壁上行、注入腋靜脈。
  ➡ P122

- **淺腹壁靜脈**　始於臍靜脈網，沿著體幹側壁下行、注入大腿靜脈。
  ➡ P117

門脈系統

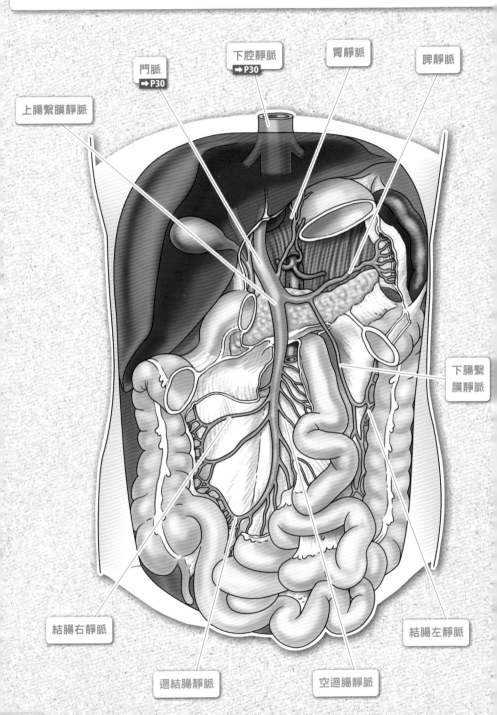

上腸繫膜靜脈

門脈
➡P30

下腔靜脈
➡P30

胃靜脈

脾靜脈

下腸繫膜靜脈

結腸右靜脈

迴結腸靜脈

空迴腸靜脈

結腸左靜脈

門脈系統是將來自消化道的血液輸送到肝臟的血管，分布於胃和腸的靜脈 ➡P15 在肝臟下端匯形成門脈、進入肝臟 ➡P30，再移行至血竇 ➡P22。血液在血竇中與相鄰的 ➡P30 肝細胞進行物質交換；經過中央靜脈後成為肝靜脈 ➡P32，與下腔靜脈匯合。 ➡P33 ➡P30 ➡P30 ➡P30

- **上腸繫膜靜脈**　集合空腸靜脈、迴腸靜脈、迴結腸靜脈、結腸右靜脈、結腸 中靜脈，於門脈匯合。 ➡P33 ➡P30

- **下腸繫膜靜脈**　集合結腸左靜脈、乙狀結腸靜脈、直腸上靜脈，透過脾靜脈 注入門脈。

- **脾靜脈**　收集脾臟、胰臟、 胃的靜脈血液，注入門脈；中途與下腸繫膜靜脈 ➡P126 ➡P74 ➡P22 匯合。

- **胃靜脈**　沿著胃小彎匯入門脈，另一邊則透過微靜脈和微血管通往食道靜脈。 ➡P22

- **肝靜脈**　集合肝小葉的中央靜脈、注入下腔靜脈。 ➡P30 ➡P32 ➡P30

肝硬化的側支循環

【ortosystemic collateral vessels in liver cirrhosis】

　　肝硬化的側支循環會發生在肝硬化造成門脈的血液循環出現異常時。 ➡P30

- **食道靜脈**　往肝臟的血液循環受阻後，產生倒流，從胃靜脈通過微血管、經由 ➡P30 食道靜脈回流至上腔靜脈。造成食道靜脈瘤的發生機率大增。 ➡P84

- **胸腹壁靜脈**　倒流的血液經過腹膜的微血管、臍周靜脈網在體表與胸腹壁靜 ➡P34 ➡P114 脈匯合，經腋靜脈回到心臟 ➡P84

- **淺腹壁靜脈**　和胸腹壁靜脈一樣會有血液從臍周靜脈網流入，經大腿靜脈從 ➡P114 ➡P114 下腔靜脈回到心臟。血流量一旦因肝硬化而增加，就能從體表 ➡P30 看見血管怒張（海蛇頭）。

硬腦膜靜脈竇

【dural venous sinus

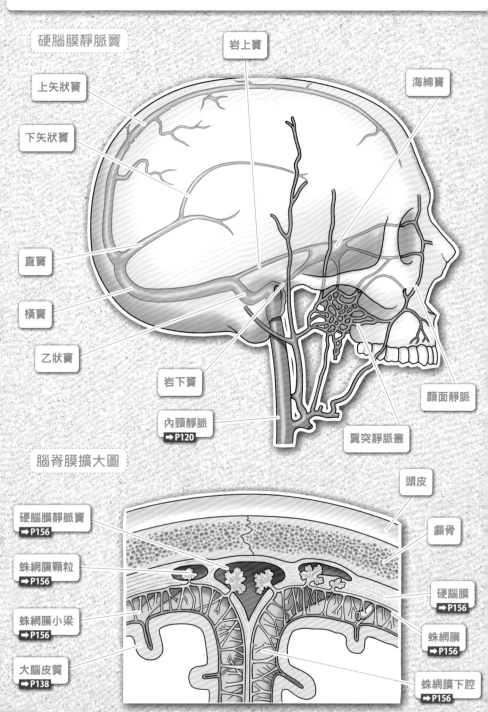

硬腦膜靜脈竇

上矢狀竇

下矢狀竇

岩上竇

海綿竇

直竇

橫竇

乙狀竇

岩下竇

內頸靜脈 ➡P120

翼突靜脈叢

顏面靜脈

腦脊膜擴大圖

硬腦膜靜脈竇 ➡P156

蛛網膜顆粒 ➡P156

蛛網膜小梁 ➡P156

大腦皮質 ➡P138

頭皮

顱骨

硬腦膜 ➡P156

蛛網膜 ➡P156

蛛網膜下腔 ➡P156

　硬腦膜靜脈竇是在腦脊膜最外層內的硬腦膜裡、類似靜脈的管狀構造，負責接收腦靜脈的血液，之後注入內頸靜脈。中間有蛛網膜顆粒凸起，腦脊液會從這裡回流至靜脈血。

➡P156　➡P156　➡P156　➡P120　➡P156

● **上矢狀竇**　大腦鐮上端的靜脈竇，讓來自左右腦半球的靜脈血得以循環。

➡P130

● **下矢狀竇**　大腦鐮下端的短靜脈竇，與直竇相通。

● **直竇**　位於大腦鐮基底，負責收集來自下矢狀竇的血液、注入竇匯。

● **橫竇**　從竇匯往左右橫行。

● **乙狀竇**　延續自橫竇的靜脈竇，沿著顱底的乙狀竇溝延伸，在頸靜脈溝移行至**內頸靜脈**。

➡P120

● **竇匯**　位於硬腦膜的後端，收集來自上矢狀竇、直竇、枕竇的血液，注入左右的橫竇。

➡P156

● **海綿竇**　在腦下垂體內包覆土耳其鞍的靜脈竇，前方與內眥靜脈相通，後方與岩上・下竇相通。

➡P70

● **岩上竇**　沿著顳骨岩部連結海綿竇和乙狀竇。

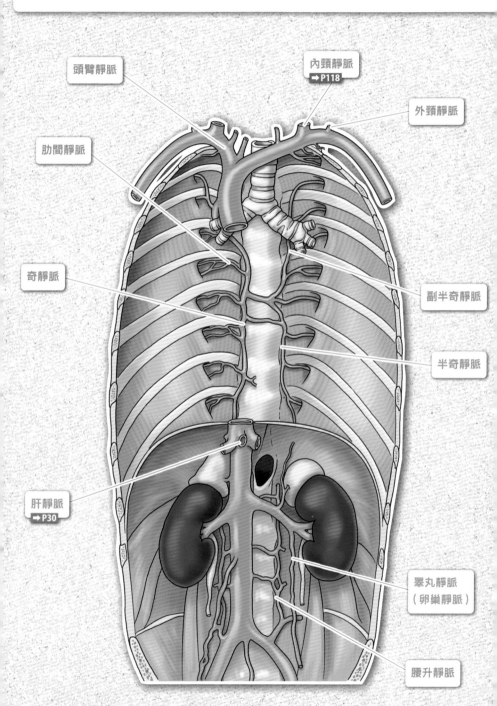

頭臂靜脈

內頸靜脈
➡ P118

外頸靜脈

肋間靜脈

奇靜脈

副半奇靜脈

半奇靜脈

肝靜脈
➡ P30

睪丸靜脈
（卵巢靜脈）

腰升靜脈

所謂的靜脈回流是指頭頸部和上肢的靜脈從上腔靜脈、下半身的靜脈從下腔靜脈回流至心臟。但胸腔裡沒有腔靜脈，取而代之的就是奇靜脈系統。

➡P116　　　➡P84　　➡P84

● **奇靜脈**　沿著胸椎椎體右緣、從橫膈膜上行到右胸部後壁的靜脈，匯合右側各個肋間靜脈後，流至上腔靜脈。還會在橫膈膜以下與腰升靜脈相通。

● **半奇靜脈**　半奇靜脈是沿著胸椎椎體左緣、從橫膈膜上行到左胸部後壁，匯合左側的肋間靜脈後，在第7～8節胸椎處橫越胸椎與奇靜脈匯合。

● **副半奇靜脈**　並非人人皆有。基本上是沿著左胸部後壁上方下行，再匯入奇靜脈或半奇靜脈。沒有副半奇靜脈者，上方的左肋間靜脈會直接越過胸椎、注入奇靜脈。

● **腰升靜脈**　和奇靜脈一樣，沿著腹壁後方的椎體上行，通過橫膈膜後才改變名稱。下段與**總髂靜脈**相通。

● **睪丸（卵巢）靜脈**　右睪丸（卵巢）靜脈會直接注入下腔靜脈，左睪丸（卵巢）靜脈則注入腎靜脈。

➡P116　➡P52

胎兒的循環系統

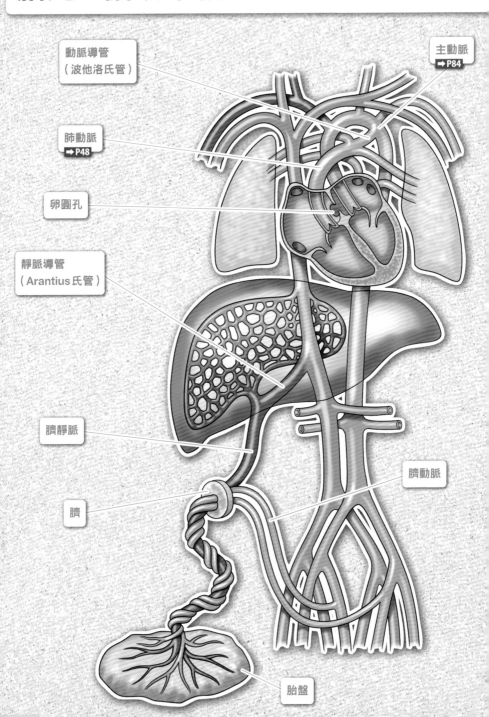

動脈導管
（波他洛氏管）

主動脈
→ P84

肺動脈
→ P48

卵圓孔

靜脈導管
（Arantius 氏管）

臍靜脈

臍動脈

臍

胎盤

122

胎兒的肺還無法發揮功能，需要經由胎盤從母體獲得氧氣和營養。因此，
胎兒的循環系統與成人不同。
➡P44

- **臍靜脈**　將動脈血液經由胎盤送給胎兒的單一血管。出生後會隨著臍帶一同脫
離，遺留在體內的部分會成為**肝圓韌帶**的一部分。
➡P30

- **臍動脈**　將靜脈血液從胎兒送回胎盤的一對血管。出生後會隨著臍帶一同脫
離，遺留在體內的部分會成為臍內側襞。
➡P35

- **動脈導管（波他洛氏管）**　連結主動脈和肺動脈的單純路徑，會在出生後不久
閉合、形成**動脈韌帶**。
➡P84　　➡P48

- **靜脈導管（Arantius氏管）**　連結臍靜脈和下腔靜脈的單純路徑，會在出生後
不久閉合、形成**靜脈韌帶**。
➡P116

- **卵圓孔**　位於左右心房壁的孔洞，負責將來自胎盤的動脈血送入肺裡、進入體
循環。在出生後會閉合，形成**卵圓孔**。
➡P44
➡P85

淋巴系統

【lymphatic system】

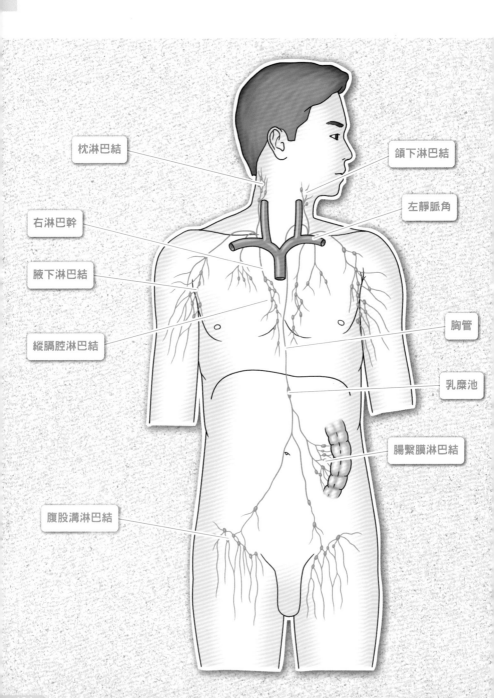

枕淋巴結

頜下淋巴結

左靜脈角

右淋巴幹

腋下淋巴結

縱膈腔淋巴結

胸管

乳糜池

腸繫膜淋巴結

腹股溝淋巴結

淋巴系統是由淋巴結、淋巴管構成，送回組織生成的液態成分。淋巴結裡還有具免疫功能的淋巴球。

淋巴管【lymphatic vessels】

分布於全身的管狀器官，構造類似靜脈。依據管徑大小分為微淋巴管、淋巴管、淋巴幹。

- **胸管** 收集下半身和左上半身的淋巴液、注入**左靜脈角**（左內頸靜脈和鎖骨下靜脈的匯合處）。 ➡P120

- **右淋巴幹** 收集右上半身的淋巴液、注入右靜脈角。

- **乳糜池** 位於胸管的基底，來自腸道、富含脂質的淋巴液都匯集在此，因此呈現乳白色。

- **腸淋巴幹** 收集小腸和大腸的淋巴液，注入乳糜池。 ➡P26 ➡P28

- **腰淋巴幹** 收集下肢和腹部的淋巴液，注入乳糜池。

淋巴結【lymph nodes】

分布在淋巴管上、約米粒到毛豆大小的實質組織，呈現幾個到十幾個組成的集合體。這裡聚集許多淋巴球，會產生發炎反應。

- **頜下淋巴結** 分布於下頜角內側。

- **枕淋巴結** 分布於後腦杓、後頸部的交界處。

- **腋下淋巴結** 有來自上肢和乳腺的淋巴液注入。 ➡P81

- **鎖骨下淋巴結** 頭頸部和上肢的淋巴液在此匯合。

- **腹股溝淋巴結** 有來自下肢和外生殖器的淋巴液注入。

- **縱膈腔淋巴結** 有來自肺、氣管、支氣管的淋巴液注入。 ➡P44 ➡P42

- **腸繫膜淋巴結** 有來自腸道的淋巴液注入。

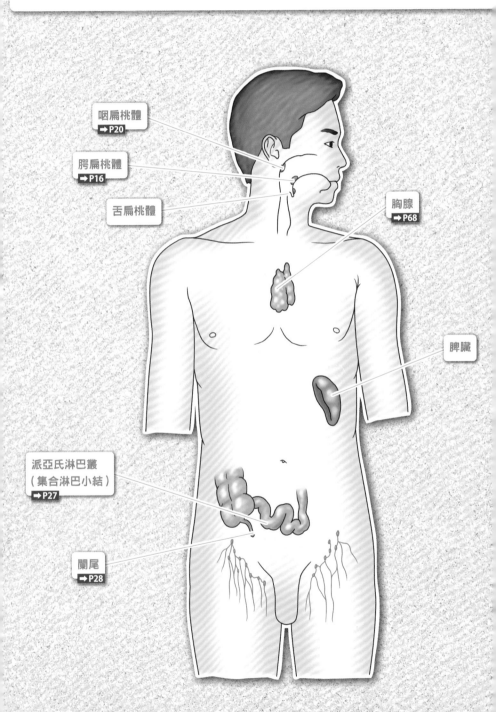

咽扁桃體
➡P20

腭扁桃體
➡P16

舌扁桃體

胸腺
➡P68

脾臟

派亞氏淋巴叢
（集合淋巴小結）
➡P27

闌尾
➡P28

除了淋巴管和淋巴結外，淋巴系統還有與免疫功能有關的器官和組織，
➡P125 ➡P125
總稱為淋巴器官。

● **脾臟** 左腹部的暗紅色實質臟器，由富含紅血球的紅脾髓和含淋巴球的白脾髓
構成。負責破壞老舊的紅血球和小血栓。

● **胸腺** 前胸部、胸骨後面的軟組織。會分泌促使 T 細胞成熟的胸腺肽。在幼兒
➡P68 期會大幅發揮功能，成人後則逐漸成為脂肪、失去機能。
➡P75

● **闌尾** 附著於盲腸末端的指狀構造，據研究可能近似於鳥類的腔上囊，與免疫
➡P28 ➡P28 系統有關，但詳情尚未釐清。

● **孤立淋巴小結** 散布在迴腸黏膜下層的淋巴小結。
➡P26 ➡P26

● **集合淋巴小結（派亞氏淋巴叢）** 分布於迴腸黏膜下層的淋巴小結的集合。
➡P27

● **扁桃體** 分布於咽頭黏膜周圍的淋巴組織。在免疫系統尚未成熟的幼兒期會大
➡P21 幅發揮功能，但成年後便失去作用。

* 咽扁桃體 隱藏在懸壅垂後方，又稱作腺樣體，腫大後會堵塞氣管、
➡P20 ➡P16 導致用口呼吸。

* 腭扁桃體 位於口腔深處的兩側，兒童時期會因傳染病而腫大、引起吞
嚥痛。

* 咽鼓管扁桃體 位於咽扁桃體的左右兩側。
➡P20

* 舌扁桃體 位於舌根兩側。

第 3 章

中樞神經

Central nerves

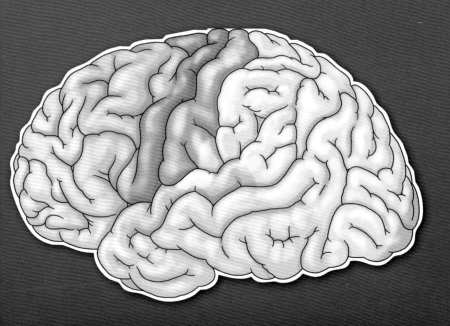

腦

【brain】

大腦（外型）

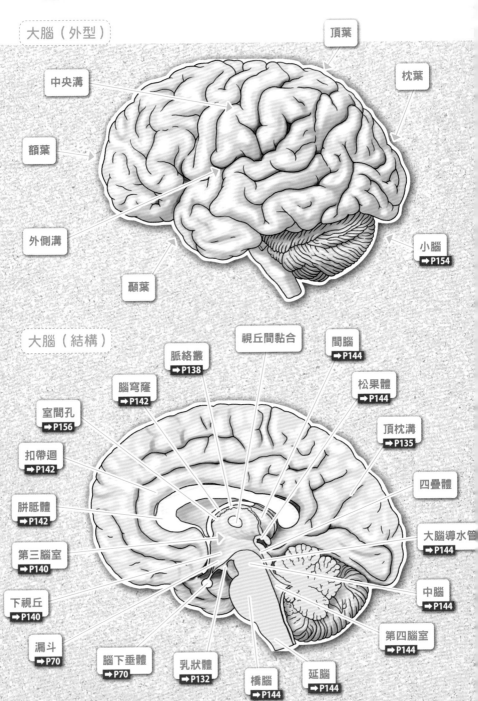

頂葉

枕葉

中央溝

額葉

外側溝

顳葉

小腦 ➡P154

大腦（結構）

脈絡叢 ➡P138

視丘間黏合

間腦 ➡P144

腦穹窿 ➡P142

松果體 ➡P144

室間孔 ➡P156

頂枕溝 ➡P135

扣帶迴 ➡P142

四疊體

胼胝體 ➡P142

大腦導水管 ➡P144

第三腦室 ➡P140

中腦 ➡P144

下視丘 ➡P140

第四腦室 ➡P144

漏斗 ➡P70

腦下垂體 ➡P70

乳狀體 ➡P132

橋腦 ➡P144

延腦 ➡P144

腦是顱內重1300～1500g的柔軟器官，分為大腦、間腦、中腦、小腦、 ➡P144 ➡P144 ➡P154
橋腦、延腦。中腦、橋腦、延腦合稱為**腦幹**。
➡P144 ➡P144

大腦【cerebrum】

體積最大，由左右**大腦半球**構成，稱作左腦和右腦，機能稍有不同；表面分布著許多溝（**腦溝**），溝與溝之間的隆起稱作**腦迴**。大腦又可分為**額葉**、 ➡P137
頂葉、顳葉、枕葉。
➡P137 ➡P137 ➡P137

- **中央縱裂** 分隔左右大腦半球的深長溝痕。
➡P138

- **中央溝（羅蘭多溝）** 分隔額葉和頂葉的深溝。

- **外側溝（Sylvian溝）** 分隔頂葉和顳葉的深溝。

- **頂枕溝** 分隔頂葉和枕葉的深溝。
➡P135

小腦【cerebellum】
➡P154

位於大腦的後下方。

間腦【diencephalon】
➡P144

位於腦的中心位置，透過視丘間黏合互通左右視丘。分為視丘和下視丘， ➡P70
內有第三腦室。下視丘透過漏斗與腦下垂體聯絡。
➡P140 ➡P70 ➡P70

中腦【mesencephalon】
➡P144

位於大腦的中央下方，由中腦頂蓋、被蓋和大腦腳構成。上端有四疊體， ➡P148 ➡P148 ➡P148
中央有大腦導水管貫通。
➡P144

橋腦【pons】
➡P144

延續中腦的部分，第四腦室的底部。
➡P144

延腦【medulla oblongata】
➡P144

腦的最尾部，後端接續脊髓。
➡P158

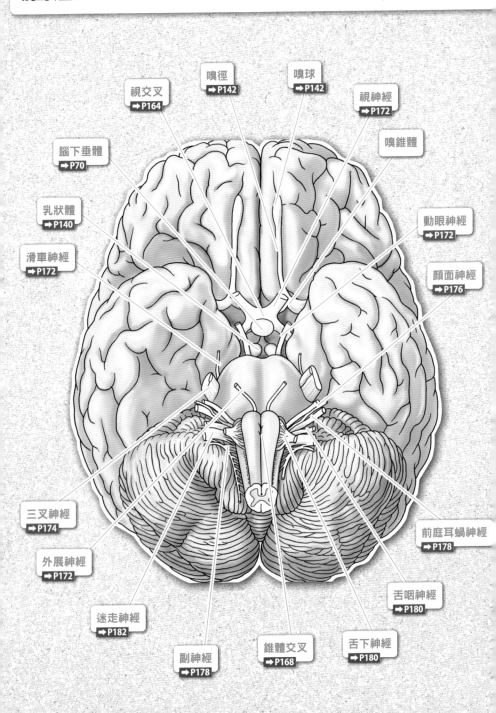

視交叉
➡P164

嗅徑
➡P142

嗅球
➡P142

視神經
➡P172

嗅錐體

腦下垂體
➡P70

乳狀體
➡P140

動眼神經
➡P172

滑車神經
➡P172

顏面神經
➡P176

三叉神經
➡P174

外展神經
➡P172

迷走神經
➡P182

副神經
➡P178

錐體交叉
➡P168

舌下神經
➡P180

舌咽神經
➡P180

前庭耳蝸神經
➡P178

腦底可以從外觀上辨識出從腦部下面延伸出來的腦神經。
➡P90

● **嗅球** 位於額葉下方，有初級嗅覺皮質。
➡P142　➡P137

　* 嗅徑　嗅腦的一部分，將嗅球的資訊傳送到嗅腦的神經路徑。
➡P142

　* 嗅錐體　外側嗅紋和內側嗅紋的分岔點。

● **乳狀體** 腦底中央的圓形凸起，為邊緣系統的一部分。
➡P140　➡P90

● **錐體交叉** 位於延腦的投射纖維交叉處。
➡P168　➡P144

● **腦下垂體** 腦中央下面的內分泌器官。

◆ **腦神經**
➡P172

　屬於**末梢神經**，是從腦部直接伸出。重新整理如下：

● **嗅神經（Ⅰ）** 來自嗅上皮、向嗅球延伸的多條神經。
➡P142

● **視神經（Ⅱ）** 從腦底中央延伸而出。
➡P173　➡P90

　* 視交叉　位於腦下垂體的前面，左右視神經在此交叉。
➡P164　➡P70　➡P172

● **動眼神經（Ⅲ）** 從中腦伸出，分布於眼肌。
➡P172　➡P144　➡P64

● **滑車神經（Ⅳ）** 從中腦後端伸出，通過眶上裂延伸至上斜肌。
➡P172　➡P172

● **三叉神經（Ⅴ）** 從橋腦伸出，分布於頭部的皮膚、黏膜、嚼肌。
➡P174　➡P144

● **外展神經（Ⅵ）** 從中腦背部伸出，通過眶上裂延伸至外直肌。
➡P172　➡P172

● **顏面神經（Ⅶ）** 從橋腦和延腦的交界處伸出，從內耳門進入顳骨、分岔出
➡P176　➡P144　　多條分支後，從莖乳突孔伸出並分布於臉部。
➡P176

● **前庭耳蝸神經（Ⅷ）** 從內耳門延伸至骨內，分布於內耳。
➡P178　➡P67

● **舌咽神經（Ⅸ）** 從頸靜脈孔伸出，分布於咽頭的肌肉和黏膜。
➡P180　➡P21

● **迷走神經（Ⅹ）** 從頸靜脈孔伸出，從頸部延伸至腹部的長神經。
➡P182

● **副神經（Ⅺ）** 從延腦和脊髓伸出，通過頸靜脈孔離開顱腔。
➡P178　➡P144　➡P158

● **舌下神經（Ⅻ）** 從延腦伸出，分布於舌肌。
➡P180　➡P17

大腦半球的外側

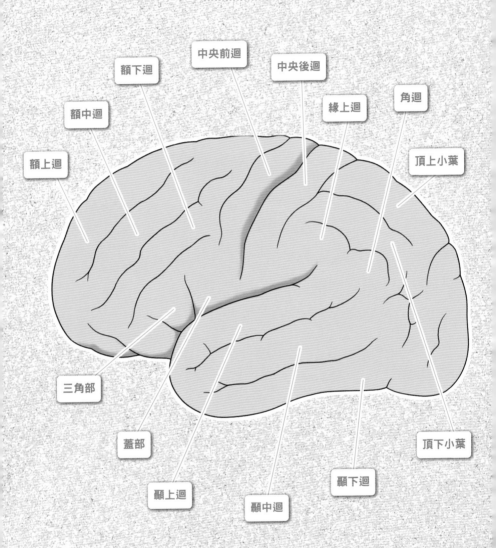

額上迴

額中迴

額下迴

中央前迴

中央後迴

緣上迴

角迴

頂上小葉

三角部

蓋部

顳上迴

顳中迴

顳下迴

頂下小葉

大腦半球的內側

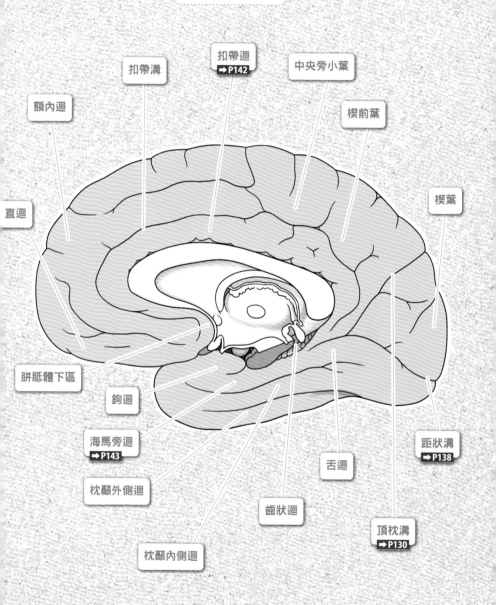

額內迴

扣帶溝

扣帶迴
➡ P142

中央旁小葉

楔前葉

直迴

楔葉

胼胝體下區

鉤迴

海馬旁迴
➡ P143

枕顳外側迴

齒狀迴

舌迴

距狀溝
➡ P138

枕顳內側迴

頂枕溝
➡ P130

大腦機能中樞

大腦皮質的機能

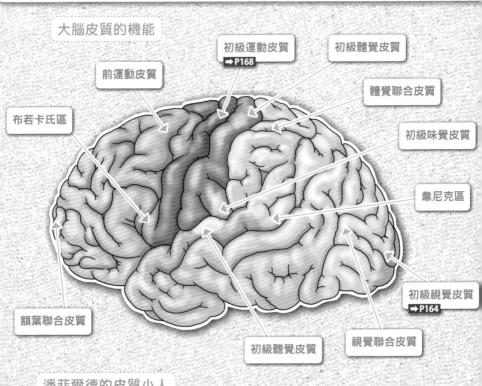

- 初級運動皮質 ➡P168
- 初級體覺皮質
- 前運動皮質
- 體覺聯合皮質
- 布若卡氏區
- 初級味覺皮質
- 韋尼克區
- 額葉聯合皮質
- 初級視覺皮質 ➡P164
- 初級聽覺皮質
- 視覺聯合皮質

潘菲爾德的皮質小人

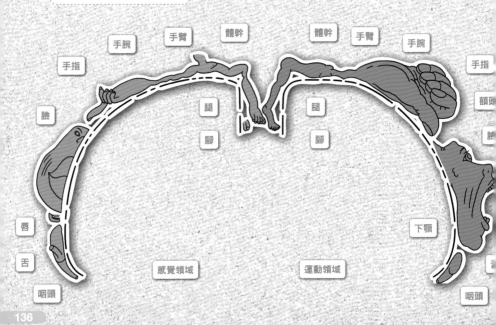

- 手腕
- 手臂
- 體幹
- 體幹
- 手臂
- 手腕
- 手指
- 手指
- 臉
- 腿
- 腿
- 額
- 腳
- 腳
- 唇
- 下顎
- 舌
- 感覺領域
- 運動領域
- 咽頭
- 咽頭

大腦皮質的機能大致分為掌管初級作用的**初級皮質**，和掌管高級機能的
聯合皮質。
➡P138

額葉【frontal lobe】
➡P130

大腦中央溝的前面部分。掌管創意、思考、隨意運動。
➡P130

● **初級運動皮質**　位於中央前迴，掌管骨骼肌的隨意運動。
➡P134

● **前運動皮質**　負責整合骨骼肌的運動。

● **布若卡氏區**　又稱作運動性語言皮質，具有將想法轉化成言語的機能。

● **額葉聯合皮質**　掌管創意、思考。

頂葉【parietal lobe】
➡P130

大腦中央溝的後面、外側溝上方的部分。掌管體覺、味覺。
➡P130　　　　　➡P130

● **初級體覺皮質**　體覺的初級中樞。

● **體覺聯合皮質**　負責整合感覺資訊。

● **頂葉聯合皮質**　整合體覺、視覺、聽覺等多種感覺。

● **初級味覺皮質**　味覺的初級中樞。

顳葉【temporal lobe】
➡P130

大腦外側、外側溝下方的部分。掌管聽覺、記憶。
➡P130

● **初級聽覺皮質**　聽覺的初級中樞。

● **聽覺聯合皮質**　整合聽覺資訊的部位。

● **韋尼克區**　又稱作感覺性語言皮質，負責理解聽到的話語。

枕葉【occipital lobe】
➡P130

大腦頂枕溝後方的部分。掌管視覺。
➡P130

● **初級視覺皮質**　視覺中樞。

● **視覺聯合皮質**　整合視覺資訊的部位。

潘菲爾德的皮質小人：用小人表現出腦內運動和感覺控制區域大小的對應圖。

大腦的結構

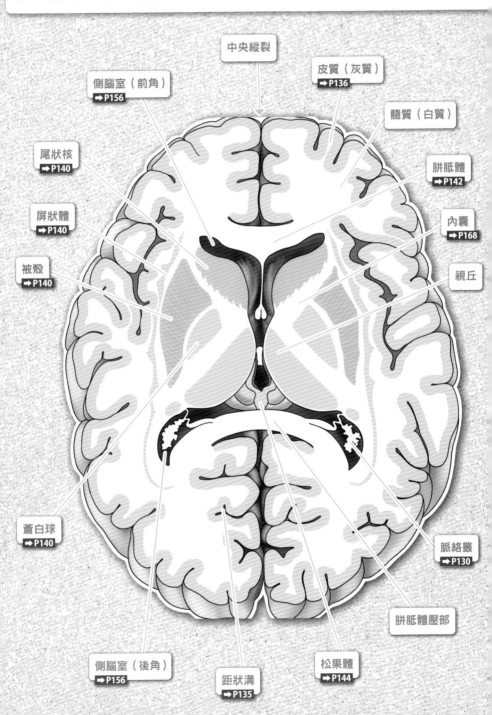

中央縱裂

皮質（灰質）
→ P136

髓質（白質）

側腦室（前角）
→ P156

胼胝體
→ P142

尾狀核
→ P140

內囊
→ P168

屏狀體
→ P140

視丘

被殼
→ P140

脈絡叢
→ P130

蒼白球
→ P140

胼胝體壓部

側腦室（後角）
→ P156

距狀溝
→ P135

松果體
→ P144

大腦內部的表面分布著皮質（灰質），深層則分布著髓質（白質）。皮質包含負責處理資訊的神經元細胞體，髓質裡則有負責傳遞資訊的神經元的軸突。中央則分布著負責轉接上、下位的神經元（基底核）。
➡P168

- **皮質（灰質）** 大腦表面的神經元細胞體所在部位。
  ➡P136
- **髓質（白質）** 分布於大腦內部的神經元軸突集合部位。
- **基底核** 由**尾狀核、被殼、蒼白球**構成，與中腦的黑質和紅核一同負責骨骼肌
  ➡P168 **➡P140** **➡P140** **➡P140** **➡P144** **➡P140** **➡P140**
  的不隨意運動（**錐體外束系統**）。
  ➡P168
  * 紋狀體 尾狀核和被殼合稱為**紋狀體**。
    ➡P140 **➡P140**
  * 豆狀核 被殼和蒼白球合稱為**豆狀核**。
    ➡P140 **➡P140**
- **內囊** 大腦中央呈「く」字形的帶狀構造，聯絡上位與下位中樞的**投射纖維**通道。
  ➡P168
- **胼胝體** 覆蓋腦室，有連結左右大腦半球的**聯合纖維**通過。後端粗大處稱作**胼**
  ➡P142 **胝體壓部**，其大小男女有別。
- **側腦室** 由神經的中央管形成。側腦室分布於左右大腦半球內，由**腦穹窿**和**透**
  ➡P156 **明隔**分成兩半。內有**脈絡叢**負責生成**腦脊液**。有**前角、後角、下角**。
  ➡P142 **➡P130** **➡P156** **➡P156** **➡P156**
- **脈絡叢** 位於腦室內。由室管膜細胞和微血管構成，會生成腦脊液。又分為側
  ➡P130 腦室脈絡叢與第三腦室脈絡叢。
- **腦穹窿** 聯絡海馬迴和下視丘的傳導路徑，與乳狀體的功能有密切關聯。
  ➡P142 **➡P142** **➡P140** **➡P132**
- **透明隔** 分隔左右側腦室的薄膜。
  ➡P156
- **松果體** 位於第三腦室後端的內分泌器官，會分泌褪黑素。褪黑素負責調節
  ➡P144 **➡P156** **➡P75** 晝夜節律。

大腦及下視丘的結構 【internal structure of brain & hypothalam

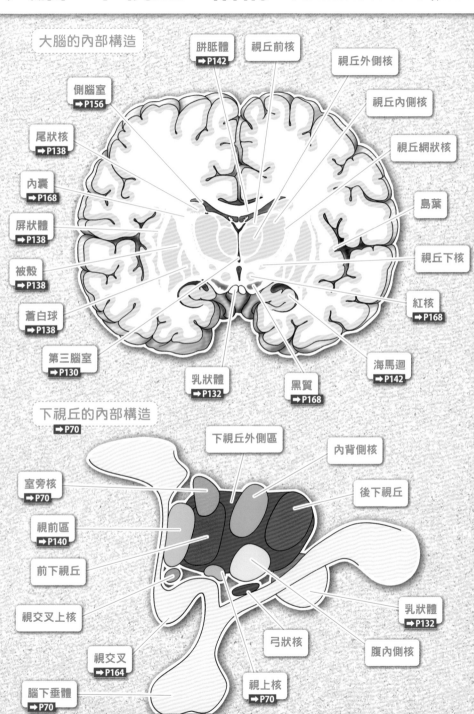

大腦的內部構造

胼胝體 →P142
視丘前核
視丘外側核
視丘內側核
視丘網狀核
側腦室 →P156
尾狀核 →P138
內囊 →P168
屏狀體 →P138
被殼 →P138
蒼白球 →P138
第三腦室 →P130
島葉
視丘下核
紅核 →P168
海馬迴 →P142
乳狀體 →P132
黑質 →P168

下視丘的內部構造 →P70

下視丘外側區
內背側核
後下視丘
室旁核 →P70
視前區 →P140
前下視丘
視交叉上核
腦下垂體 →P70
視交叉 →P164
視上核 →P70
弓狀核
腹內側核
乳狀體 →P132

大腦【cerebrum】

● **海馬迴**　位於顳葉的灰質，負責記憶。
➡P142　➡P137　➡P138

● **島葉**　位於外側溝深處，和情緒有關的中樞之一。
➡P130

● **視丘前核群**　邊緣系統的一部分。

● **腹後核**　將來自感覺神經的資訊投影在初級感覺皮質。

　　＊腹後外側核　負責中繼來自脊髓神經的資訊。
　　➡P184

　　＊腹後內側核　負責中繼來自三叉神經的資訊。
　　➡P174

● **腹外側核**　將來自小腦和基底核的資訊投影到運動皮質。
➡P154

● **視丘內側核**　整合感覺資訊、投影在額葉。
➡P137

● **視丘下核**　基底核的一部分。
➡P168

● **後核群**　包含外側膝狀體和內側膝狀體。

　　＊外側膝狀體　視覺資訊的中繼核所在部位。
　　➡P164

　　＊內側膝狀體　聽覺資訊的中繼核所在部位。
　　➡P164

下視丘【hypothalamus】
➡P70
　　間腦的一部分，包含處理睡眠、攝食、情緒、性行為等自律神經系統功能
➡P144　　　　　　　　　　　　　　　　　　　　　　　　➡P200
的中樞。以下整理出下視丘各個核群的作用：

● **視前區**　內分泌（腦啡肽、Gn-RH等）。
➡P71

● **視丘上核**　內分泌（抗利尿激素）。
➡P70　　　　　　➡P71

● **前下視丘**　攝食、飲水。

● **室旁核**　內分泌（催產素）。
➡P70　　　　　　➡P71

● **腹內側核**　飽食中樞。

● **背內側核**　飢餓中樞。

● **弓狀核**　內分泌（釋放－抑制激素、調節腦下垂體前葉）。

● **後下視丘（後核）**　調節體溫。

● **視交叉上核**　晝夜節律。

大腦邊緣系統

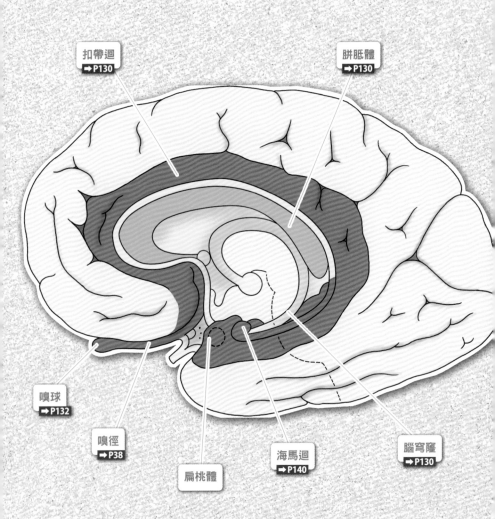

扣帶迴
➡P130

胼胝體
➡P130

嗅球
➡P132

嗅徑
➡P38

扁桃體

海馬迴
➡P140

腦穹隆
➡P130

邊緣葉屬於古皮質，位於大腦的最內部，由**扣帶迴**、**海馬迴**、**扁桃體**、**乳狀體**構成，負責處理本能行動。

➡P130　➡P140

➡P132

●大腦【cerebrum】

- **扣帶迴**　包圍在胼胝體外周的古皮質。負責調節呼吸系統、處理情感記憶。
  ➡P130　➡P130　➡P36

- **海馬（體）**　位於顳葉內側，海馬迴、海馬繖、齒狀迴和海馬旁迴的總稱。
  ➡P140　➡P137　➡P135

  ＊海馬迴　負責短期記憶。

  ＊海馬旁迴　負責處理地理風景資訊和臉部辨識。
  ➡P135

- **扁桃體**　處理恐懼、擔憂、悲傷等情緒。

- **伏隔核**　額葉的大腦基底核下方的神經元群，會釋放出大量的GABA以製造快感。
  ➡P168

- **乳狀體**　處理與時間、空間相關的記憶。
  ➡P132

- **腦穹窿**　從海馬體延伸到乳狀體的神經纖維。
  ➡P130　➡P132

- **嗅腦**　屬於原皮質，只在額葉下方殘存一點點。
  ➡P137

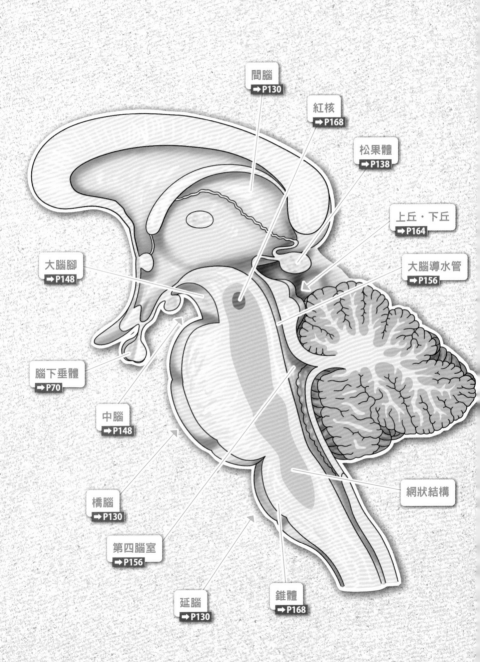

間腦
➡P130

紅核
➡P168

松果體
➡P138

上丘・下丘
➡P164

大腦導水管
➡P156

大腦腳
➡P148

腦下垂體
➡P70

中腦
➡P148

橋腦
➡P130

第四腦室
➡P156

延腦
➡P130

錐體
➡P168

網狀結構

腦幹是由**中腦**、**橋腦**、**延腦**構成，負責運行維持生命的各種機能。
➡P130 ➡P130 ➡P130

中腦【midbrain】

分為被蓋、中腦蓋、大腦腳，有**大腦導水管**通過。被蓋上端有四疊體
➡P148 ➡P148 ➡P148 ➡P156 ➡P130
（上丘、下丘）。

● **上丘** 有視覺反射的中繼核。

● **下丘** 有聽覺反射的中繼核。
➡P164

● **被蓋** 有**動眼神經運動核**、**滑車神經核**分布。
➡P146

　　＊外側蹄系 有延伸到下丘的聽覺路徑纖維通過。
　　➡P148 ➡P164

　　＊內側蹄系 有後束通過。
　　➡P148

● **大腦腳** 皮質脊髓束和皮質核纖維的通道。

● **紅核 錐體外束系統的中繼核。**
➡P168 ➡P168

● **黑質 位於大腦腳上部、富含褪黑素的部位**，與帕金森氏症有密切關係。
➡P168 ➡P148

橋腦【pons】
➡P130

有排尿中樞、呼吸調節中樞。

延腦【medulla oblongata】
➡P130

包含循環、呼吸、吞嚥、流汗、嘔吐等維持生命相關的中樞。

● **錐體** 錐體側束交叉的部位。
➡P168

● **橄欖核** 錐體外束系統的中繼核。
➡P152 ➡P168

● **網狀結構** 構造上是從中腦跨到延腦，包含**睡眠・甦醒相關的中樞**。
➡P130

第四腦室【fourth ventricle】
➡P156

覆蓋在腦幹上的腦室，有通往蛛網膜下腔的洞。
➡P156

腦幹神經核

【brainstem nu

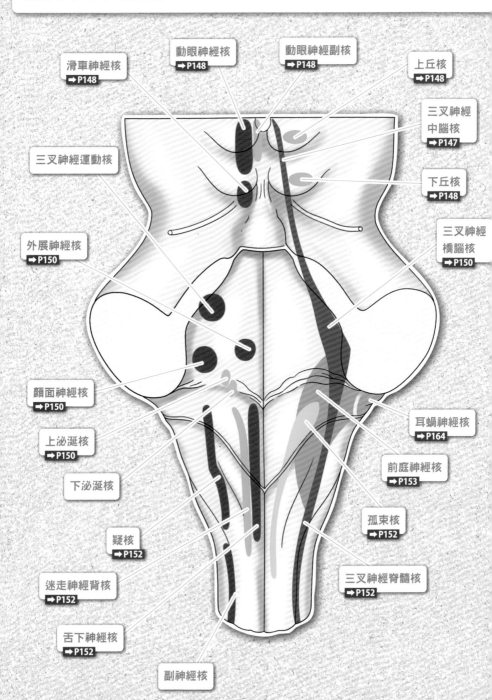

滑車神經核
➡ P148

動眼神經核
➡ P148

動眼神經副核
➡ P148

上丘核
➡ P148

三叉神經
中腦核
➡ P147

三叉神經運動核

下丘核
➡ P148

外展神經核
➡ P150

三叉神經
橋腦核
➡ P150

顏面神經核
➡ P150

上泌涎核
➡ P150

下泌涎核

耳蝸神經核
➡ P164

前庭神經核
➡ P153

孤束核
➡ P152

疑核
➡ P152

迷走神經背核
➡ P152

三叉神經脊髓核
➡ P152

舌下神經核
➡ P152

副神經核

神經核是指腦和脊髓裡的神經細胞體成群聚集的地方。
➡️P130 ➡️P158

- **上丘核** 視覺反射的中繼核。
  ➡️P148
- **下丘核** 聽覺反射的中繼核。
  ➡️P148
- **三叉神經運動核** 三叉神經運動纖維的起始核。

- **三叉神經主要感覺核** 三叉神經感覺纖維的終止核。
  ➡️P150
  - * 中腦核 接收肌梭傳來的刺激。
    ➡️P147 ➡️P63
  - * 橋腦核 接收臉部傳來的識別感覺。
    ➡️P150
  - * 脊髓核 接收臉部傳來的原始感覺。
    ➡️P152
- **動眼神經核** 動眼神經運動纖維的起始核。
  ➡️P148 ➡️P172
- **動眼神經副核** 動眼神經副交感纖維的起始核。
  ➡️P148
- **滑車神經核** 滑車神經運動纖維的起始核。
  ➡️P148
- **外展神經核** 外展神經的起始核。
  ➡️P150
- **顏面神經核** 顏面神經運動纖維的起始核。
  ➡️P150
- **前庭神經核** 前庭神經（平衡覺）的終止核。
  ➡️P153 ➡️P66
- **耳蝸神經核** 耳蝸神經（聽覺）的終止核。
  ➡️P164 ➡️P66
- **孤束核** 顏面、舌咽、迷走神經的感覺纖維終止核。
  ➡️P152
- **上泌涎核** 顏面神經副交感纖維的起始核。
  ➡️P150
- **下泌涎核** 舌咽神經副交感纖維（分泌）的起始核。

- **迷走神經背核** 迷走神經副交感纖維的起始核。
  ➡️P152
- **疑核** 舌咽‧迷走神經的運動纖維起始核。
  ➡️P152
- **副神經核** 副神經的運動纖維起始核。

- **舌下神經核** 舌下神經的運動纖維起始核。
  ➡️P152

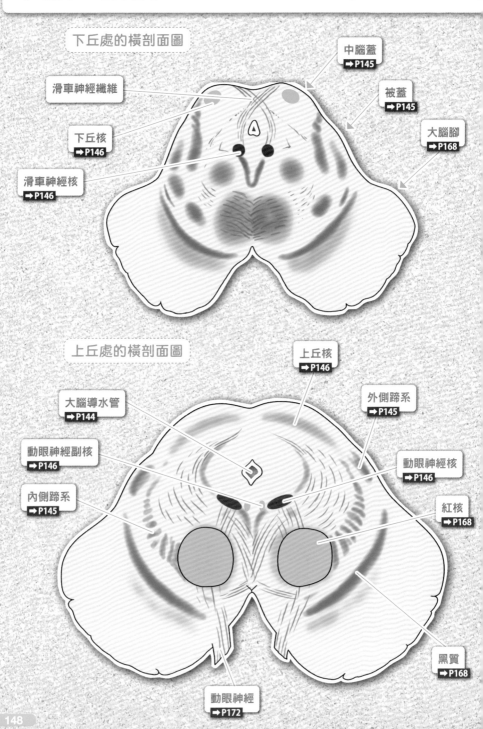

下丘處的橫剖面圖

中腦蓋 ➡P145

滑車神經纖維

被蓋 ➡P145

下丘核 ➡P146

大腦腳 ➡P168

滑車神經核 ➡P146

上丘處的橫剖面圖

上丘核 ➡P146

大腦導水管 ➡P144

外側蹄系 ➡P145

動眼神經副核 ➡P146

動眼神經核 ➡P146

內側蹄系 ➡P145

紅核 ➡P168

黑質 ➡P168

動眼神經 ➡P172

中腦分布著與視覺和聽覺反射有關的神經核，以及與眼球運動有關的神經核，還分布著錐體外束系統的中繼核。
➡P168

◆ 神經核

- **上丘核** ➡P146　視覺反射纖維的中繼核。
- **動眼神經核** ➡P146　➡P172　動眼神經運動纖維的起始核。
- **動眼神經副核** ➡P146　動眼神經副交感纖維的起始核。
- **三叉神經中腦核** ➡P146　接收下顎傳來的感覺資訊。
- **下丘核** ➡P146　聽覺反射纖維的中繼核。
- **滑車神經核** ➡P146　➡P172　滑車神經的運動纖維起始核。
- **紅核** ➡P144　➡P168　錐體外束系統纖維的中繼核。

◆ 神經纖維

- **外側蹄系** ➡P145　➡P164　聽覺路徑的向心性纖維。
- **內側蹄系** ➡P145　本體感覺的二級神經元通道。
- **內側縱束** ➡P152　➡P168　錐體外束系統纖維的通道。
- **視頂蓋交叉** ➡P168　➡P158　從紅核到脊髓的離心性纖維交叉。
- **小腦上腳交叉** ➡P154　從小腦到紅核的向心性纖維交叉。
- **大腦腳** ➡P168　➡P168　➡P169　錐體束和皮質橋腦束的通道。**皮質橋腦纖維**（**枕橋束、頂橋束、顳橋束、額橋束**）、**皮質脊髓纖維**、**皮質核纖維**都是呈束狀構造。

橋腦的結構

【internal structure of po

橋腦剖面圖

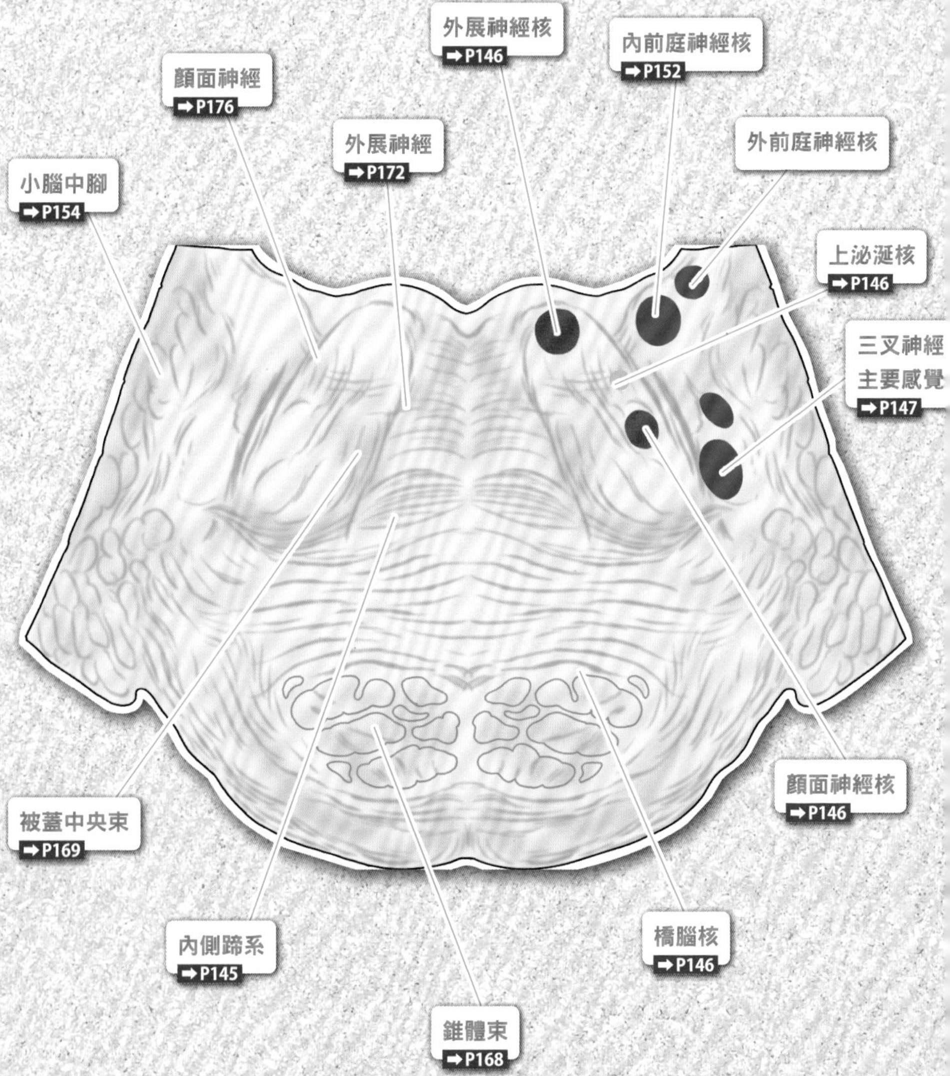

外展神經核
➡P146
內前庭神經核
➡P152
顏面神經
➡P176
外展神經
➡P172
外前庭神經核
小腦中腳
➡P154
上泌涎核
➡P146
三叉神經
主要感覺
➡P147
顏面神經核
➡P146
被蓋中央束
➡P169
橋腦核
➡P146
內側蹄系
➡P145
錐體束
➡P168

橋腦內有三叉神經、顏面神經、耳蝸神經核分布，會將跟運動相關的資訊
➡P174　　　　➡P176　　　　➡P164
從大腦傳遞到小腦。
➡P130　　　➡P154

◆ 神經核

● **外展神經核**　外展神經的起始核。
➡P146　　　➡P172

● **外前庭神經核**　前庭神經的終止核。
➡P66

● **內前庭神經核**　前庭神經的終止核。
➡P152

● **三叉神經主要感覺核**　三叉神經的感覺纖維終止核。
➡P147

● **顏面神經核**　顏面神經運動纖維的起始核。
➡P146

● **上泌涎核**　顏面神經副交感纖維的起始核。
➡P146

● **橋腦核**　皮質橋腦束的中繼核。
➡P146　　　➡P169

◆ 神經纖維

● **內側蹄系**　本體感覺的二級神經元通道。
➡P145

● **內側縱束**　錐體外束系統纖維的通道。
➡P152　　　➡P168

● **被蓋中央束**　從紅核到脊髓的離心性纖維的交叉。
➡P169　　　➡P168　➡P158

● **小腦中腳**　從小腦到紅核的向心性纖維的通道。
➡P154　　　➡P154

延腦的結構

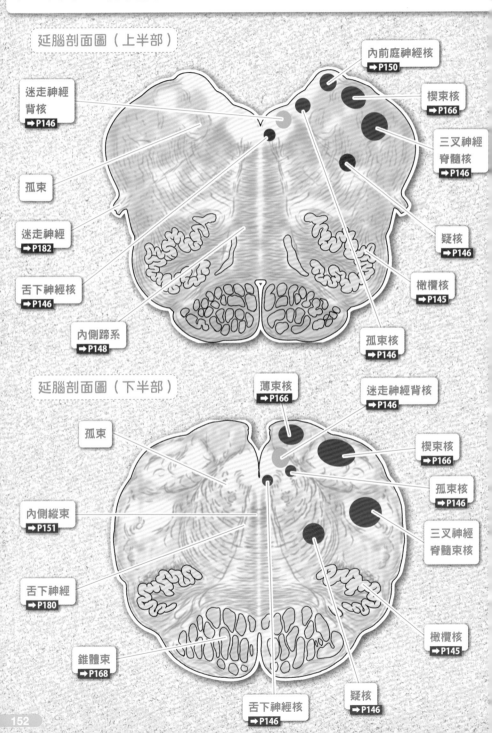

延腦剖面圖（上半部）

內前庭神經核
➡P150

迷走神經
背核
➡P146

楔束核
➡P166

三叉神經
脊髓核
➡P146

孤束

疑核
➡P146

迷走神經
➡P182

舌下神經核
➡P146

橄欖核
➡P145

內側蹄系
➡P148

孤束核
➡P146

延腦剖面圖（下半部）

薄束核
➡P166

迷走神經背核
➡P146

孤束

楔束核
➡P166

孤束核
➡P146

內側縱束
➡P151

三叉神經
脊髓束核

舌下神經
➡P180

橄欖核
➡P145

錐體束
➡P168

舌下神經核
➡P146

疑核
➡P146

延腦有舌咽神經和迷走神經的神經核分布，包含循環、呼吸、吞嚥、
➡P180　　➡P182
流汗、嘔吐等維持生命的中樞。

◆ 神經核

- **薄束核** 體覺的一級神經元終止核。
  ➡P166
- **楔束核** 體覺的一級神經元終止核。
  ➡P166
- **孤束核** 顏面、舌咽、迷走神經的感覺纖維終止核。
  ➡P146　　➡P182
- **三叉神經脊髓束核** 三叉神經的感覺纖維（原始感覺）的停止核。
  ➡P174
- **前庭神經核** 平衡覺的一級神經元終止核。又分為外側核與內側核。
  ➡P146
- **耳蝸神經核** 聽覺的一級神經元終止核。又分為背核與腹核。
  ➡P146
- **迷走神經背核** 迷走神經副交感纖維的起始核。
  ➡P146
- **舌下神經核** 舌下神經的起始核。
  ➡P146　　➡P180
- **橄欖核** 朝小腦延伸的錐體外束系統纖維的中繼核。
  ➡P168
  - ＊上橄欖核 部分聽覺路徑的中繼核。
    ➡P165
  - ＊下橄欖核 錐體外束系統的中繼核。
    ➡P168
- **疑核** 舌咽神經、迷走神經等運動纖維的起始核。
  ➡P146　　➡P180　　➡P182

◆ 神經纖維

- **內側縱束** 錐體外束系統纖維的通道。
  ➡P151　　➡P168
- **內側蹄系** 體覺的二級神經元通道。
  ➡P148
  - ＊蹄系交叉 向心性纖維的左右交叉處。
    ➡P166
- **外側蹄系** 聽覺等向心性纖維的通道。
  ➡P148
- **錐體** 皮質脊髓纖維的通道。

小腦

【cerebellu

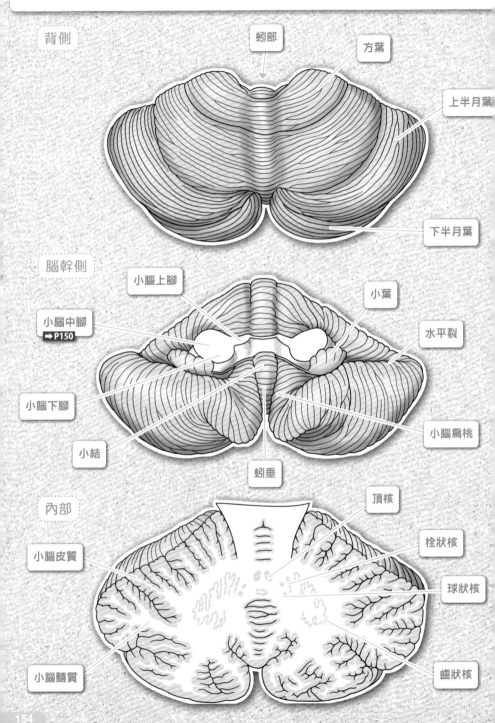

背側

蚓部　　方葉

上半月葉

下半月葉

腦幹側

小腦上腳　　小葉

小腦中腳
→P150　　水平裂

小腦下腳

小結

小腦扁桃

蚓垂

內部

頂核

栓狀核

小腦皮質

球狀核

小腦髓質

齒狀核

　　小腦位於大腦後下部，由左右小腦半球和蚓部構成。表面有許多溝，內部由灰質和白質組成。灰質又分為分布於表面的小腦皮質，和中央的小腦核。
➡P130
白質則分為小腦活樹和**小腦腳**。

● **小腦核**　向心性和離心性纖維的中繼核。有**頂核、齒狀核、球狀核、栓狀核**共4個神經核。

● **小腦腳**　分為上、中、下共3個部分。位於大腦、腦幹、脊髓之間，由傳遞肌肉運動資訊的纖維構成。
➡P130　➡P144　➡P158

　　＊小腦上腳　頂蓋小腦束、脊髓小腦前束。
➡P162
　　＊小腦中腳　橋腦小腦束、小腦紅核束。
➡P150
　　＊小腦下腳　前庭小腦束、橄欖小腦束、脊髓小腦後束。

● **原始小腦（前庭小腦）**　系統中最舊的小腦，由**小葉、垂、小結**構成。

　　＊平衡覺中樞　接收內耳的前庭耳蝸傳來的資訊，能調節肌肉收縮、保持身體平衡。
➡P67

● **舊小腦（脊髓小腦）**　同時有舊小腦與新小腦的部位。負責接收來自橄欖核的纖維，投影在額葉。
➡P153

　　＊深部感覺中樞　接收**肌梭**和**腱梭**傳來的資訊，轉送到紅核，調節運動中的肌肉收縮平衡。
➡P63　➡P63　　　➡P168

● **新小腦（橋腦小腦）**　系統發生學上的新小腦，位於半球部分。主要投影至枕葉。

　　＊運動調節中樞　將肌梭與腱梭傳來的資訊，和視覺資訊與平衡覺資訊，一起整合成錐體束和錐體外束系統傳送的運動命令，用以調節運動。
➡P168　　　➡P168

＊小腦皮質裡有稱作浦肯野細胞的大型神經元。浦肯野細胞是小腦唯一的輸出細胞，負責調節運動。

腦室和腦脊膜 　【cerebral ventricle & menin

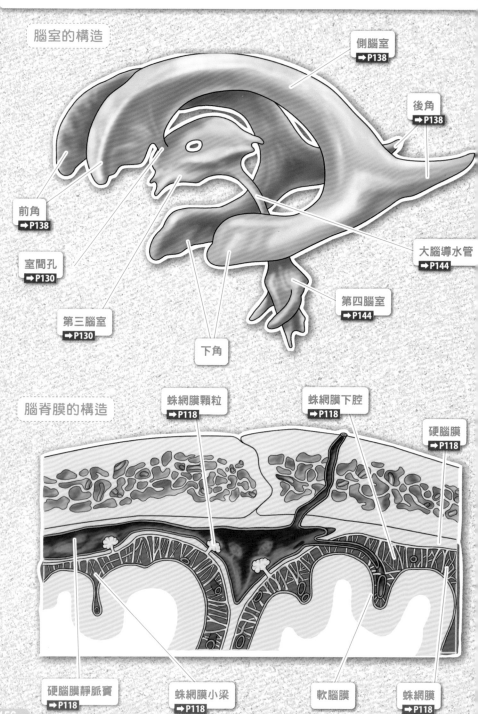

腦室的構造

側腦室
➡P138

後角
➡P138

前角
➡P138

室間孔
➡P130

大腦導水管
➡P144

第三腦室
➡P130

下角

第四腦室
➡P144

腦脊膜的構造

蛛網膜顆粒
➡P118

蛛網膜下腔
➡P118

硬腦膜
➡P118

硬腦膜靜脈竇
➡P118

蛛網膜小梁
➡P118

軟腦膜

蛛網膜
➡P118

腦的最內部是充滿腦脊液的腦室，最外層則是腦脊膜。
➡P130

●腦室【cerebral ventricle】

腦中央的空間，源自於神經管的中央管。
➡P130

● **側腦室** 位於大腦半球的腦室，內部有**脈絡叢**生成的**腦脊液**。分為前角、
➡P138 　　　　➡P138
後角、下角。透過前角的**室間孔**（夢露孔）與第三腦室互通。
➡P130　　　　➡P130

● **第三腦室** 位於間腦的腦室。
➡P140　➡P144

● **大腦導水管** 位於中腦的腦室，聯絡第三腦室和第四腦室。
➡P144　➡P144　　　　　　➡P130　➡P144

● **第四腦室** 小腦和後腦之間的腦室。透過第四腦室正中孔（馬讓迪孔）和第四
➡P154
腦室外側孔（盧施卡孔）通往蛛網膜下腔。
➡P118

●腦脊膜【meninges】

覆蓋腦和脊髓的薄膜，由硬腦膜、蛛網膜和軟腦膜構成。
➡P130　➡P158

● **硬腦膜** 最外層的強韌腦膜，由2道貼合的膜構成，其中有一部分解離後形成
➡P118
硬腦膜靜脈竇。這裡有腦靜脈和腦脊液環流。
➡P138

● **蛛網膜** 腦脊膜的中間層，透過細絲狀的蛛網膜小梁與軟腦膜結合。蛛網膜小
➡P118
梁形成的間隙稱作**蛛網膜下腔**。
➡P118

　＊**蛛網膜下腔** 蛛網膜和軟腦膜之間的空間，分布許多血管。透過第四腦
➡P118
室與腦室相通。

　＊**蛛網膜顆粒** 從蛛網膜向硬腦膜靜脈竇凸出的構造，會排出腦脊液。
➡P118　　　　　　　　　　　　　　　　➡P138

● **軟腦膜** 最內層的腦膜，與大腦皮質密合。
➡P138

脊髓

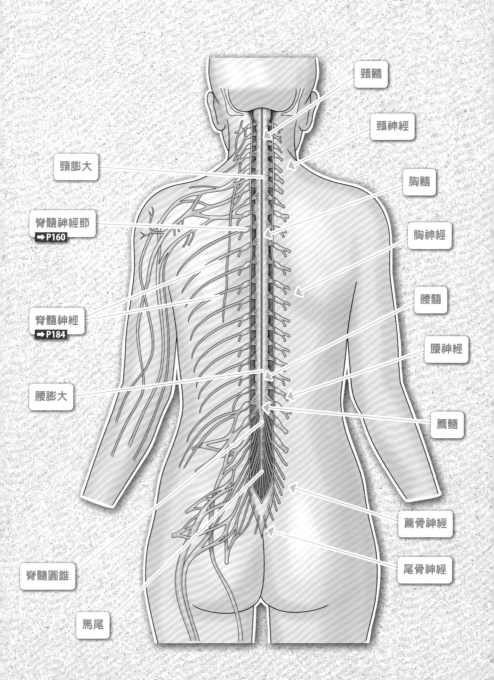

頸髓

頸神經

頸膨大

胸髓

脊髓神經節
➡ P160

胸神經

脊髓神經
➡ P184

腰髓

腰膨大

腰神經

薦髓

脊髓圓錐

薦骨神經

馬尾

尾骨神經

　　脊髓是中樞神經的一部分，是椎管內長約45cm、2cm粗的長型器官。起點在枕骨大孔處，終點在第1節腰椎處，中途有兩個膨脹部分（**頸膨大**、**腰膨大**），末端有**脊髓圓錐**和**馬尾**。脊髓由上而下依序分為**頸髓**、**胸髓**、**腰髓**、**薦髓**、**尾髓**，各自延伸出8對、12對、5對、5對、1對，合計31對的**脊髓神經**。脊髓神經都有固定的分布範圍，稱作**皮節**。

➡P184　　　　　　　　　　　　➡P163

● **頸膨大**　頸膨大包含許多分布在胸帶及上肢皮膚、肌肉的脊髓神經的神經細胞體。神經從這裡開始形成臂神經叢。
➡P186

● **腰膨大**　腰膨大包含許多分布在腰帶及下肢皮膚、肌肉的脊髓神經的神經細胞體。神經從這裡開始形成腰薦神經叢。
➡P184
➡P194

● **脊髓神經**　脊髓伸出的腹根與背根匯合而成的神經，穿過椎間孔分布於末梢。
➡P160　➡P160
腹根是由運動纖維、背根是由感覺纖維構成。而背根的基底有**脊髓神經節**，包含感覺神經元的細胞體。之後分岔成腹支和背支。脊髓
➡P160
➡P160　➡P160
神經是由軀體神經（運動神經和感覺神經）構成，但有部分也包含交感性神經。

● **脊髓圓錐**　脊髓下端的圓錐形構造，頂端是**終絲**。

● **馬尾**　由脊髓圓錐往下延伸的脊髓神經形成。

脊髓的剖面

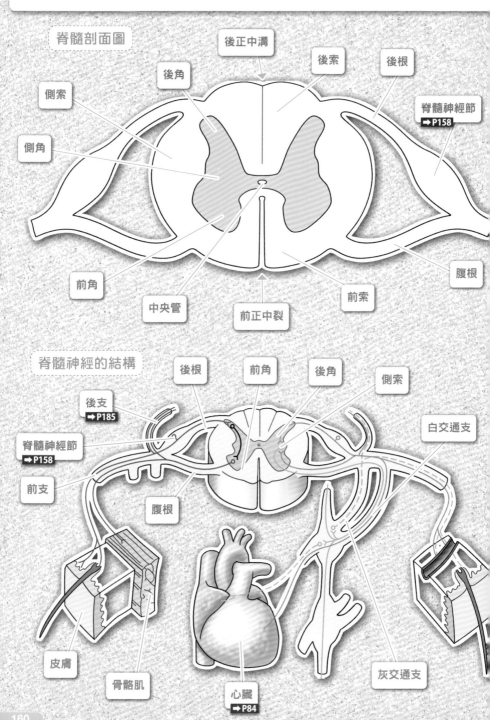

脊髓剖面圖

- 後正中溝
- 後索
- 後根
- 後角
- 側索
- 脊髓神經節 ➡P158
- 側角
- 脊髓神經節 ➡P158
- 前角
- 中央管
- 前正中裂
- 前索
- 腹根

脊髓神經的結構

- 後根
- 前角
- 後角
- 側索
- 後支 ➡P185
- 脊髓神經節 ➡P158
- 前支
- 白交通支
- 腹根
- 皮膚
- 骨骼肌
- 心臟 ➡P84
- 灰交通支

脊髓的剖面與腦相反，內部分布著呈Ｈ形的灰質，外側分布白質。
➡P130

- **前正中裂**　前面正中間的深溝。

- **後正中溝**　後面正中間的溝。

- **中央管**　脊髓中央的管道。

◆ **灰質**

- **前角**　運動神經元的集合體，沿著脊髓下降的運動神經元會在這裡轉換神經元、分布於效應器官。運動神經元的神經纖維會成為**腹根**，傳遞至末梢。

- **後角**　感覺神經元的集合體，聯絡從末梢向上的感覺神經元（**後根**）。部分感覺神經元在這裡轉換後傳遞至中樞。

- **側角**　自律神經性神經元的所在，在胸髓和腰髓有交感神經的中樞。薦髓裡
➡P158　➡P158　　　　　➡P158
則有副交感神經的中樞。來自這裡的自律性神經元會在交感神經幹的
➡P206
神經節轉換，再傳向目標器官。

◆ **白質**

- **前索**　脊髓前部的白質，下行徑有皮質脊髓前束，頂蓋脊髓束、前庭脊髓束
➡P168
通過，上行徑則有脊髓視丘前束通過。
➡P166

- **側索**　脊髓外側的白質，下行徑有外側皮質脊髓束、紅核脊髓束，上行徑則
➡P168　　　➡P168
有外側脊髓視丘束、脊髓小腦束通過。
➡P166

- **後索**　分為薄束和楔束，有上行纖維（後束）通過。
➡P162

- **反射弧**　脊髓有膝腱反射和肱二頭肌肌腱反射等反射中樞，形成反射弧。

- **灰交通支**　連結交感神經節和脊髓神經的無髓纖維，分布於血管壁、
➡P184
汗腺、立毛肌。
➡P80

- **白交通支**　從脊髓神經前支延伸到交感神經節的有髓纖維。

脊髓內的傳導路徑分布 [distribution of conduction pathways in the spinal

這裡標出脊髓內的傳導路徑分布（左側），與通過的神經纖維分類（右側）。

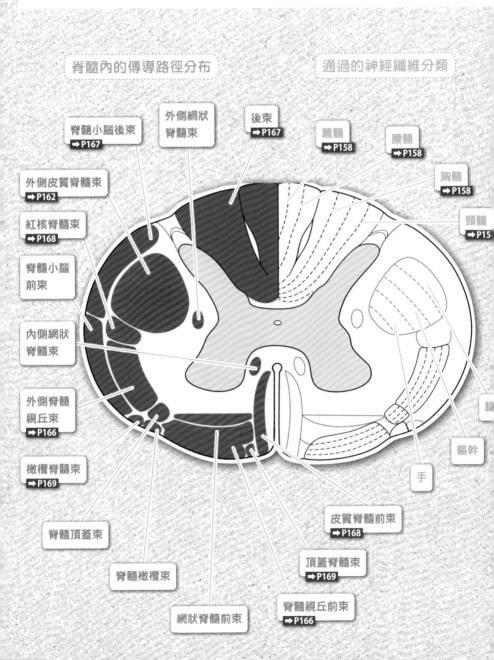

脊髓內的傳導路徑分布

通過的神經纖維分類

脊髓小腦後束 ➡P167
外側網狀脊髓束
後束 ➡P167
薦髓 ➡P158
腰髓 ➡P158
胸髓 ➡P158
頸髓 ➡P15

外側皮質脊髓束 ➡P162
紅核脊髓束 ➡P168
脊髓小腦前束
內側網狀脊髓束
外側脊髓視丘束 ➡P166
橄欖脊髓束 ➡P169

軀幹
手

脊髓頂蓋束
脊髓橄欖束
網狀脊髓前束
脊髓視丘前束 ➡P166
頂蓋脊髓束 ➡P169
皮質脊髓前束 ➡P168

皮節 （dermatome）

【dermatome】

皮節是脊髓神經控制的皮膚感覺區域分布圖，可以看出各個神經在體表皮膚上控制了哪些區域的感覺。 ➡P184

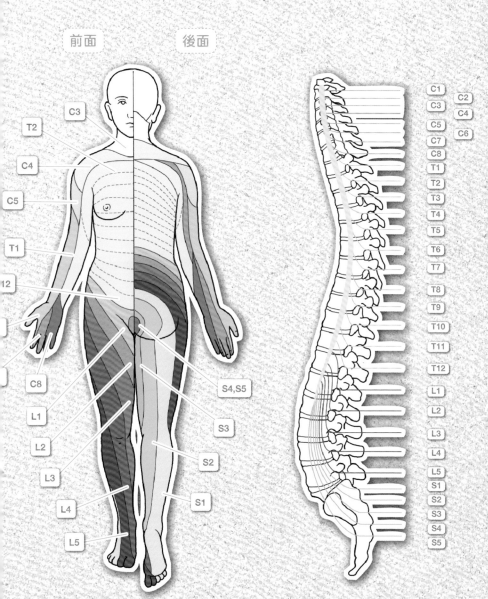

前面　　　後面

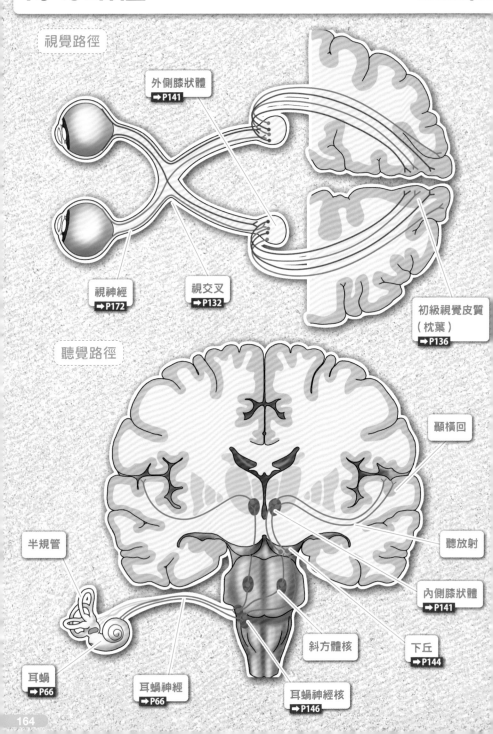

視覺路徑

外側膝狀體
➡P141

視神經
➡P172

視交叉
➡P132

初級視覺皮質
（枕葉）
➡P136

聽覺路徑

顳橫回

半規管

聽放射

內側膝狀體
➡P141

耳蝸
➡P66

耳蝸神經
➡P66

耳蝸神經核
➡P146

斜方體核

下丘
➡P144

●特殊感覺路徑【special sensory pathway】

　　特殊感覺包括視覺、聽覺、平衡覺、嗅覺、味覺，這些感覺有各自的神經傳導路徑。

●視覺路徑

視神經 ➡ 視交叉 ➡ 外側膝狀體 ➡ 視放射 ➡ 初級視覺皮質（枕葉）

　　初級神經元是視網膜內的雙極細胞。視覺反射的資訊會傳送到上丘。
➡P64 ➡P138

●聽覺路徑

耳蝸神經 ➡ 耳蝸神經核 ➡ 上橄欖核 ➡（外側蹄系核）➡ 內側膝狀體
➡ 初級聽覺皮質（顳葉）

　　聽覺反射的資訊會傳送到下丘。
➡P138

●味覺路徑

顏面神經 ➡ 孤束核 ➡ 視丘 ➡ 初級味覺皮質（頂葉）
舌咽神經 ↗

●嗅覺路徑

嗅神經 ➡ 嗅球（初級中樞）➡ 外側嗅紋 ➡ 海馬旁回
　　　　　　　　　　　 ↘ 內側嗅紋 ➡ 嗅旁皮質

●平衡覺路徑

前庭神經 ➡ 前庭神經核 ➡ 小腦小葉

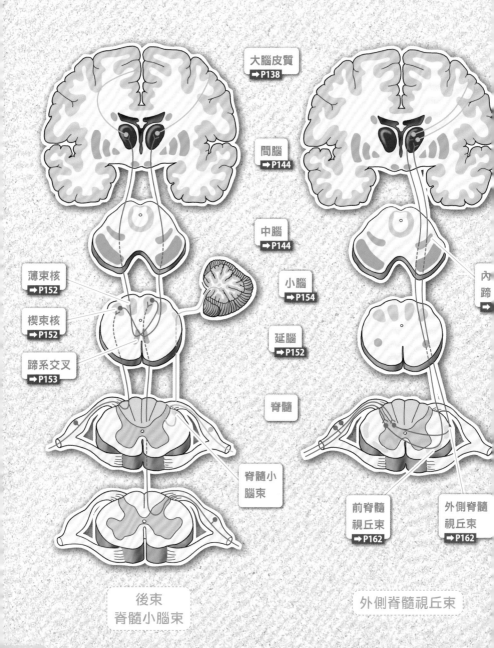

大腦皮質
➡P138

間腦
➡P144

中腦
➡P144

薄束核
➡P152

楔束核
➡P152

蹄系交叉
➡P153

小腦
➡P154

延腦
➡P152

脊髓

內蹄

脊髓小腦束

前脊髓
視丘束
➡P162

外側脊髓
視丘束
➡P162

後束
脊髓小腦束

外側脊髓視丘束

軀體感覺路徑【somatosensory pathway】

軀體感覺包含皮膚感覺和肌肉感覺，軀體感覺路徑是指皮膚感覺的神經傳導路徑。

● 三叉神經視丘束　頭部感覺的傳導路徑。

三叉神經節 ➡ 三叉神經主要知覺核（腦幹）➡ 視丘
➡ 初級體覺皮質（中央後迴）

● 後束　觸覺和震動覺等辨識性感覺的傳導路徑。
➡P162

脊髓神經節 ➡ 後索 ➡ 後索核 ➡ 視丘（腹後核）➡ 中央後迴

● 外側脊髓視丘束　痛覺和溫度覺等原始感覺的傳導路徑。
➡P162

脊髓神經節 ➡ 脊髓後角 ➡ 側索 ➡ 視丘（腹後核）➡ 中央後迴

● 前脊髓視丘束　粗糙的觸覺和壓覺的傳導路徑
➡P162

脊髓神經節 ➡ 脊髓後角 ➡ 前索 ➡ 視丘（腹後核）➡ 中央後迴

深感覺路徑【deep sensation pathway】

比皮膚更深處的肌肉、腱、關節等部位感覺的神經傳導路徑。

● 後脊髓小腦束　肌梭、腱梭的深感覺傳導路徑，從胸髓沿著同一側上行、
➡P162　➡P63　➡P63　➡P158
通過小腦下腳後，投影在小腦前葉。
➡P154

● 前脊髓小腦束　傳遞下半身本體感覺的神經路徑，通過小腦上腳後投影在
➡P162　➡P154
小腦蚓部。
➡P154

傳導路徑（下行徑）

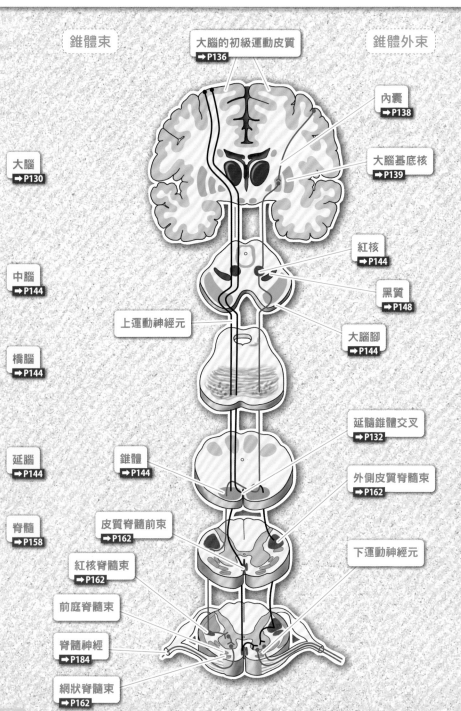

錐體束

大腦的初級運動皮質
➡P136

錐體外束

內囊
➡P138

大腦基底核
➡P139

大腦
➡P130

紅核
➡P144

中腦
➡P144

黑質
➡P148

上運動神經元

大腦腳
➡P144

橋腦
➡P144

延髓錐體交叉
➡P132

延腦
➡P144

錐體
➡P144

外側皮質脊髓束
➡P162

脊髓
➡P158

皮質脊髓前束
➡P162

下運動神經元

紅核脊髓束
➡P162

前庭脊髓束

脊髓神經
➡P184

網狀脊髓束
➡P162

錐體束【pyramidal tract】

將自我意志驅動肌肉的隨意運動命令傳遞到肌肉的路徑。

- **皮質核（延髓）束** ➡P172　腦神經的運動纖維通道，負責眼球運動、咀嚼運動、吞嚥運動、表情運動。

中心前迴 ➡（內囊）➡（大腦腳）➡ 延髓神經核 ➡ 肌肉

- **外側皮質脊髓束（狹義的錐體束）** ➡P162　脊髓神經的運動纖維通道，負責全身的骨骼肌運動。在延腦的錐體左右交叉。➡P184 ➡P144

中心前迴 ➡（內囊）➡（大腦腳）➡（錐體交叉）➡ 脊髓前角 ➡ 肌肉

- **皮質脊髓前束** ➡P162　不在錐體交叉、直接下行的運動纖維。

錐體外束【descending tracts】

將為了保持姿勢而無意識控制肌肉運動的不隨意運動命令，傳遞到肌肉的路徑。

- **皮質橋腦束** ➡P138 ➡P146　連結大腦皮質和橋腦核的纖維。之後通過小腦中腳，延伸至 ➡P154 小腦皮質。➡P154
- **皮質網狀束**　連結大腦皮質和網狀體的纖維。
- **被蓋中央束** ➡P150 ➡P139 ➡P138 ➡P148　從紋狀體、蒼白球通過中腦被蓋，前往橄欖核的下行神經路徑。
- **紅核脊髓束** ➡P162　接收來自大腦基底核和小腦的資訊、前往脊髓，負責控制肌肉 ➡P154 運動（腿後肌群的肌肉緊繃）。

大腦皮質 ➡ 基底核 ➡ 中腦紅核 ➡ 脊髓側索 ➡ 脊髓前角

- **前庭脊髓束** ➡P144　從延腦前庭核下行，通過脊髓前索，會加強下肢伸展的緊繃程度。➡P160
- **頂蓋脊髓束**　調節頭部、軀幹、四肢位置姿勢的傳導路徑。
- **網狀脊髓束** ➡P162　起始核位於腦幹的網狀體，沿著脊髓下行，負責控制姿勢和 ➡P144 ➡P158 步行動作的下行神經路徑。
- **橄欖脊髓束** ➡P162　從下橄欖核沿著側索下行、直達前角的神經路徑。➡P160

MEMO

第 4 章

末梢神經

Peripheral nerves

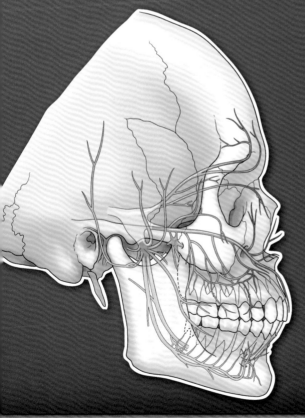

腦神經 【cranial nerves】

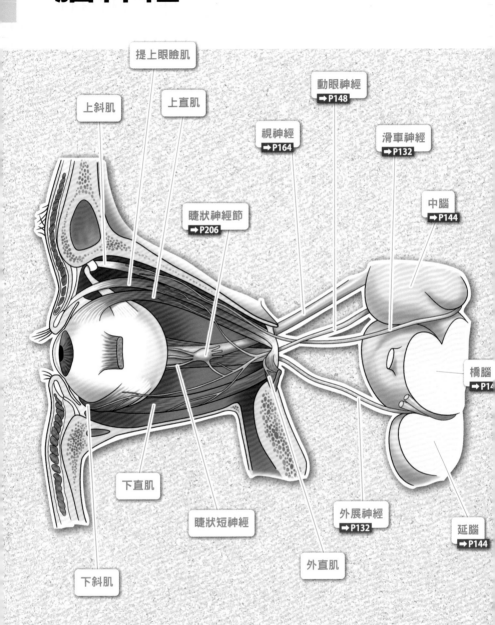

提上眼瞼肌

上斜肌

上直肌

動眼神經 ➡P148

視神經 ➡P164

滑車神經 ➡P132

睫狀神經節 ➡P206

中腦 ➡P144

橋腦 ➡P14

下直肌

睫狀短神經

外展神經 ➡P132

外直肌

延腦 ➡P144

下斜肌

直接從腦延伸出來的12對末梢神經。主要負責頸部以上的機能（例外：
迷走神經）。
➡P130
➡P182

●嗅神經【olfactory nerve】第1對腦神經

從上鼻道的嗅上皮通過篩骨篩板上行的十幾條細神經，也是將嗅覺資訊傳
➡P38
遞到初級中樞嗅球的感覺神經。
➡P142

●視神經【optic nerve】第2對腦神經
➡P164

從眼球（視網膜）通過視神經管、經由視交叉進入外側膝狀體，轉換神經
➡P64   **➡P164**   **➡P164**
元後直達枕葉。將視覺資訊傳遞到腦部的感覺神經。
➡P137

●動眼神經【oculomotor nerve】第3對腦神經
➡P148

延伸自中腦大腦腳、通過眶上裂進入眼窩的混合神經。運動纖維的起始核
➡P148
就是中腦的動眼神經核。副交感纖維的起始核則是中腦（動眼神經副核）。
➡P146   **➡P148**

● **上支** 　分布於**提上眼瞼肌**和**上直肌**的運動支。

● **下支** 　從分布於**內側直肌**、**下直肌**、**下斜肌**的運動支和動眼神經副核開始，

經過睫狀神經節後，分布於睫狀肌、瞳孔括約肌的副交感纖維。
➡P206   **➡P65**   **➡P65**

●滑車神經【trochlear nerve】第4對腦神經
➡P132

一種運動神經，從中腦蓋的滑車神經核延伸出來，通過眶上裂後進入眼
➡P148   **➡P146**
窩，分布於上斜肌。

●外展神經【abducens nerve】第6對腦神經
➡P132

一種運動神經，始於第四腦室底的顏面神經核，從橋腦和延腦的交界處伸
➡P146   **➡P144** **➡P144**
出、從眶上裂進入眼窩，分布於**外側直肌**。

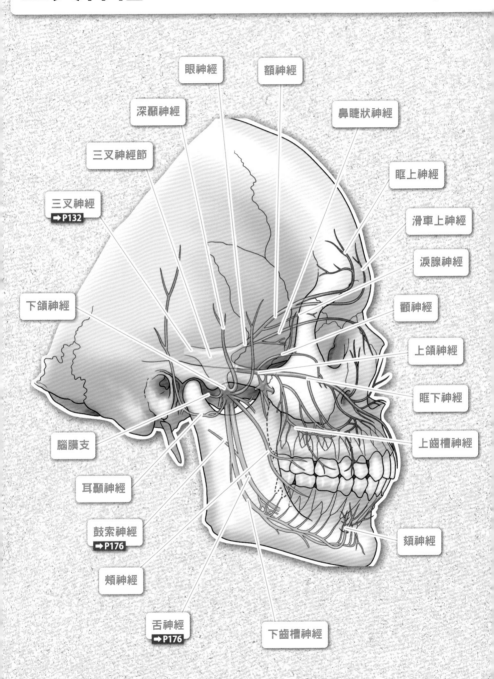

眼神經

額神經

深顳神經

鼻睫狀神經

三叉神經節

眶上神經

三叉神經
→P132

滑車上神經

淚腺神經

下頜神經

顴神經

上頜神經

眶下神經

腦膜支

上齒槽神經

耳顳神經

鼓索神經
→P176

頰神經

頰神經

舌神經
→P176

下齒槽神經

　　三叉神經是從中腦和橋腦之間延伸出來、形成**三叉神經節**，後來分岔成
3條。運動纖維的起始核是位於橋腦的**三叉神經運動核**，感覺纖維則是通過
三叉神經節後進入**三叉神經主要知覺核**。

➡P132　➡P144　➡P144　➡P146

● **眼神經**　三叉神經的第一分支，通過眶上裂進入眼窩。

　　＊額神經　　分布於前額皮膚。包含滑車上神經、眶上神經。

　　＊淚腺神經　　分布於結膜和上眼瞼的皮膚。

● **上頜神經**　三叉神經的第二分支，通過圓孔進入翼腭窩。

　　＊眶下神經　　通過眶下裂行經眼窩底、再分岔出多條分支，從眶下孔伸出
　　　　　　　　　後分布於鼻翼和上唇的皮膚。

　　＊鼻腭神經　　分布於口腔黏膜和鼻黏膜。

　　＊顴神經　　分布於臉頰和頭部側面的部分皮膚。

● **下頜神經**　三叉神經的第三分支，通過卵圓孔離開顱下凹。

➡P122
　　＊腦膜支　　分布於硬腦膜的感覺神經分支。
➡P118
　　＊耳顳神經　　分布於耳廓前面、頭部側面的皮膚。
➡P67
　　＊下齒槽神經　　進入下頜管後，在下齒分岔出感覺神經分支，延伸出分布
➡P16
　　　　　　　　　　於**頦舌骨肌**和**二腹肌前腹**的運動神經分支後，從頦孔伸出
　　　　　　　　　　並形成**頦神經**、分布於頦部的皮膚。

　　＊舌神經　　負責控制舌前方3分之2的感覺。與**鼓索神經**匯合。
➡P176　　　　　　　　　　　　　　➡P176
　　＊嚼肌神經　　分布於嚼肌的運動纖維。
➡P17
　　＊深顳神經　　控制**顳肌**的運動纖維。

　　＊翼肌神經　　控制**外・內側翼肌**的運動纖維。

　　＊頦舌骨肌神經　　分布於**頦舌骨肌**的運動纖維。

　　＊鼓膜張肌神經　　分布於**鼓膜張肌**的運動纖維。

　　＊腭帆張肌神經　　分布於**腭帆張肌**的運動纖維。

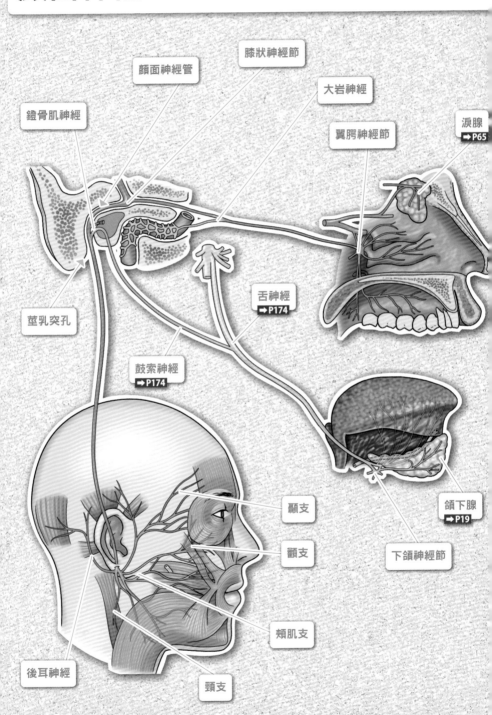

鐙骨肌神經

顏面神經管

膝狀神經節

大岩神經

翼腭神經節

淚腺
➡P65

莖乳突孔

舌神經
➡P174

鼓索神經
➡P174

顳支

顴支

頜下腺
➡P19

下頜神經節

後耳神經

頰肌支

頸支

顏面神經是從內耳孔進入顳骨內，經過**膝狀神經節**、通過顏面神經管後從
➡P207
莖乳突孔伸出，分布於表情肌，也在骨骼內延伸出數根分支。運動纖維的起
始核就是橋腦的**顏面神經核**。感覺纖維的初級神經元位於膝狀神經節，投影
➡P150
到延腦的**孤束核**。副交感纖維源自於**上泌涎核**。
➡P152　　　　　　　　　➡P146

◆ **骨內分支**

● **大岩神經**　始於上泌涎核的副交感纖維，途中接收來自頸動脈神經叢的交
➡P146
感纖維（深岩神經），形成翼管神經，經過**翼腭神經節**後分布於淚
腺和鼻腺。

● **鐙骨肌神經**　分布於鐙骨肌的運動神經分支。

● **鼓索神經**　分岔後與三叉神經延伸出的舌神經匯合。包含控制舌頭前⅔味
➡P174　　　　　➡P174　　　　➡P174
覺的感覺纖維，及經過**下頜神經節**後分布於頜下腺、舌下腺的
➡P19　　　➡P19
副交感纖維。味覺纖維從**膝狀神經節**經過延腦孤束核後，延伸
➡P152
至頂葉味覺皮質。

◆ **骨外分支**

● **腮腺神經叢**　在腮腺周圍形成的神經叢。
➡P19
＊二腹肌支　分布於二腹肌後腹。

＊後耳支　分布於枕肌和後耳肌。

＊顳支　分布於額肌、眼輪匝肌上部。

＊顴支　分布於眼輪匝肌、大顴肌。

＊頰肌支　分布於提上唇肌、頰肌、口輪匝肌下部。

＊下頜緣支　分布於笑肌、降口角肌、降下唇肌。

＊頸支　分布於**頸闊肌**。

顏面神經最常見的障礙是顏面神經麻痺，依障礙位置會出現聽覺過敏、味覺障礙、淚液分泌
不足等症狀。

前庭耳蝸神經和副神經（第8對＆第11對腦神經）〔vestibulocochlear & accessory n

前庭耳蝸神經及其周圍

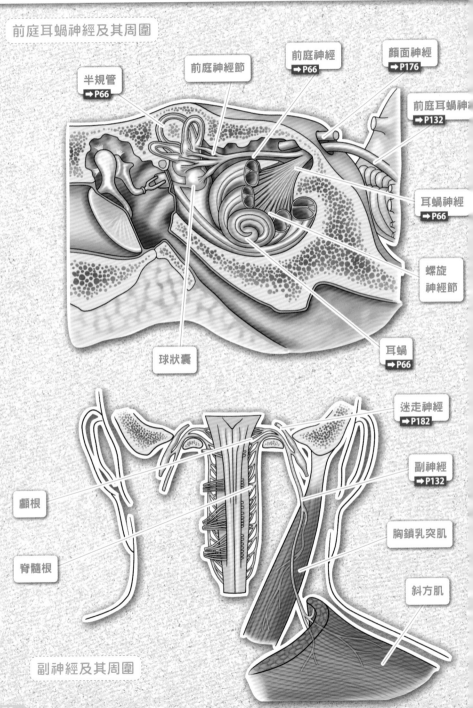

半規管
➡P66

前庭神經節

前庭神經
➡P66

顏面神經
➡P176

前庭耳蝸神
➡P132

耳蝸神經
➡P66

螺旋
神經節

球狀囊

耳蝸
➡P66

迷走神經
➡P182

副神經
➡P132

顱根

脊髓根

胸鎖乳突肌

斜方肌

副神經及其周圍

前庭耳蝸神經是純感覺性的神經，負責傳遞聽覺和平衡覺。副神經是純運
動性的神經，負責控制斜方肌和胸鎖乳突肌，分布範圍較廣，也包含了脊髓
➡P132
根。因此，椎管的路徑很複雜，會先進入顱腔，再從頸靜脈孔伸出。

●前庭耳蝸神經【vestibulocochlear nerve】第8對腦神經
➡P132

從延腦下端伸出，和顏面神經一同從內耳孔進入顱骨內。
➡P144　　　　　　　　　　➡P176

● **耳蝸神經**　從柯蒂氏器接收聽覺資訊的感覺神經。初級神經元的細胞體位於**螺**
➡P66　　　　　　　　　　　　　　　　　➡P66
旋神經節內，終止核是延腦的耳蝸神經核。經由下丘和內側膝狀體
　　　　　　　　　　　　　➡P164　　　　➡P164
將資訊送往顳葉的初級聽覺中樞。
➡P164

● **前庭神經**　輸送來自半規管和耳石的平衡覺資訊。初級神經元的細胞體位於
➡P66　　　　　　　　　　　　　　➡P66
前庭神經節內，經過延腦的前庭神經核後，將資訊送往小腦。
　　　　　　　➡P146

●副神經【accessory nerve】第11對腦神經
➡P132

分布於**胸鎖乳突肌**和**斜方肌**的運動神經。起始核位於延腦和脊髓，脊髓根
　　　　　　　　　　　　　　　　　➡P144　➡P158
從枕骨大孔進入顱腔，再從頸靜脈孔伸出顱腔外。

● **外支**　來自脊髓根的神經纖維，分布於**胸鎖乳突肌**和**斜方肌**。

● **內支**　來自顱根的神經纖維，與迷走神經的上‧下神經節匯合。
　　　　　　　　　　　　➡P182　　　　　➡P180

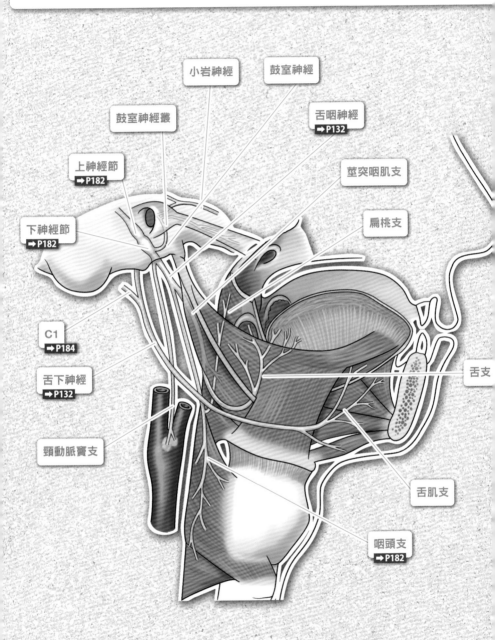

舌咽神經和舌下神經 （第9對＆第12對腦神經）

[glossopharyngeal & hypoglossal]

小岩神經

鼓室神經

鼓室神經叢

舌咽神經
➡P132

上神經節
➡P182

莖突咽肌支

下神經節
➡P182

扁桃支

C1
➡P184

舌支

舌下神經
➡P132

頸動脈竇支

舌肌支

咽頭支
➡P182

舌咽神經和舌下神經分布於舌頭及其周圍，是與吞嚥和發聲有關的神經。
　➡P132　　　➡P132

●舌咽神經【glossopharyngeal nerve】第9對腦神經
　➡P132

從延腦橄欖的後方伸出、經由頸動脈孔伸出顱腔，形成**上神經節**和**下神經節**。運動纖維的起始核是延腦的**疑核**。感覺纖維的初級神經元位於上・下
　➡P153　　　　　　　　　　　　　　　　　➡P182
神經節，投影到**孤束核**。副交感纖維的起始核在於延腦的**下泌涎核**。
　　　　　　➡P152　　　　　　　　　　　　　　　　　➡P146
　　　　➡P146

- **鼓室神經**　感覺支控制鼓室和咽鼓管的感覺，副交感纖維成為**小岩神經**，經由
　　　　　　　　➡P66　　➡P66
耳神經節分布於腮腺。
➡P206　　➡P19

- **鼓室神經叢**　鼓室內壁裡形成的神經叢。

- **頸動脈竇支**　分布於頸動脈竇和頸動脈體的副交感纖維。

- **咽頭支**　分布於咽縮肌和咽頭黏膜。
➡P82　　　　➡P21

- **莖突咽肌支**　分布於莖突咽肌及其周圍的黏膜。

- **扁桃支**　分布於顎扁桃體和腭弓。
➡P126

- **舌支**　分布於舌後方⅓，傳遞味覺和感覺的感覺纖維。
➡P17

●舌下神經【hypoglossal nerve】第12對腦神經
➡P132

分布於舌肌群的運動神經。從延腦橄欖下方伸出，通過舌下神經管後與第
➡P17
一頸神經匯合，分布於舌肌。起始核是延髓的**舌下神經核**。
　　　　　　　　　　　　　　　　　➡P153　　　➡P152

- **舌肌支**　分布於舌固有肌和**舌骨舌肌**、**頦舌肌**、**莖突舌肌**。

181

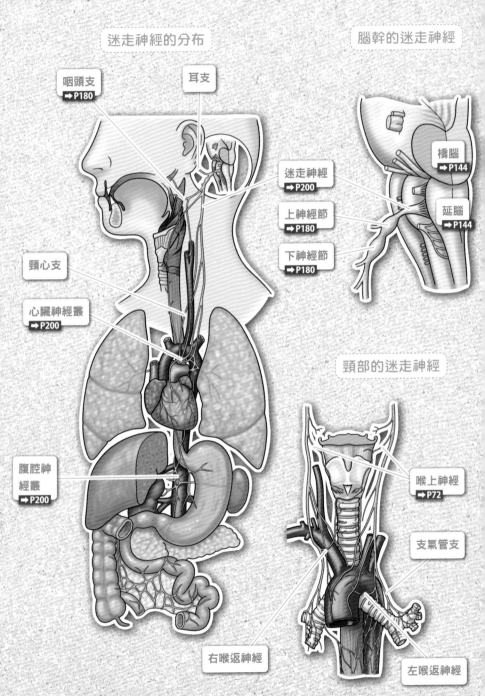

迷走神經的分布

腦幹的迷走神經

咽頭支
➡P180

耳支

迷走神經
➡P200

上神經節
➡P180

下神經節
➡P180

橋腦
➡P144

延腦
➡P144

頸心支

心臟神經叢
➡P200

頸部的迷走神經

腹腔神
經叢
➡P200

喉上神經
➡P72

支氣管支

右喉返神經

左喉返神經

迷走神經是腦神經中最長的神經，離開顱骨後就形成上・下神經節，延伸
→P200 **→P180**
出咽頭支和喉上神經，並在心臟、氣管、肺形成分支，隨著食道一同穿過橫膈
→P72 **→P84** **→P42** **→P44** **→P21**
膜、直達腹部。運動纖維的起始核為延腦的**疑核**。副交感纖維的起始核為**迷走**
→P152
神經背核（平滑肌）。感覺纖維的細胞體位於上・下神經節，投影在**孤束核**。
→P146 **→P180** **→P146**

● **耳支**　控制外耳道和耳廓的部分感覺。
　　　　→P66 **→P67**

● **咽頭支**　咽頭支會與舌咽神經匯合，形成**咽頭神經叢**。包含了分布於咽頭肌群
　→P180　　　　　　　　　　　　　　　**→P180**
　　　　　和軟腭的運動纖維，以及分布於黏膜的內臟向心性纖維。

● **硬腦膜支**　分布於硬腦膜的感覺纖維，和三叉神經的硬腦膜支都是關係到頭痛
　　　　　　→P118　　　　　　　　　　　**→P174**
　　　　　　的神經。

● **喉上神經**　分布於喉頭的神經，分為內支和外支。內支負責傳遞喉頭黏膜的感
　　　　　　→P40　　　**→P179** **→P179**
　　　　　　覺，外支分布於**環甲肌**。
　　　　　　　　　　　→P41

● **頸心支**　在主動脈弓附近與交感神經一同形成**心臟神經叢**，並在主動脈體和
　　　　　　→P98　　　　　　　　　　**→P200**
　　　　　　心臟延伸出副交感纖維。

● **喉返神經**　延伸到胸部後又返回頸部，左右返回的位置都不同。右邊是在鎖骨
　　　　　　下動脈、左邊是在主動脈弓，直達喉頭。分支包含控制**喉肌**（環甲
　　　　　　→P100　　　　　　　　　　**→P40**　　　　　　　　**→P41**
　　　　　　肌除外）和黏膜的**喉下神經**，以及食道支等等。
　　　　　　　　　　　→P72

● **食道神經叢**　在胸部分支的迷走神經主幹沿著食道下行，形成神經叢後隨著
　→P200　　　　　　　　　**→P200**　　**→P21**
　　　　　　　食道一起伸入腹腔，分布於腹部內臟。

● **腹腔神經叢**　腹主動脈上方的大型神經叢，與迷走神經的腹支和大・小內臟
　→P200　　　　　　　　　　　　　**→P200**
　　　　　　　神經的分支匯合。

脊髓神經 【spinal nerve】

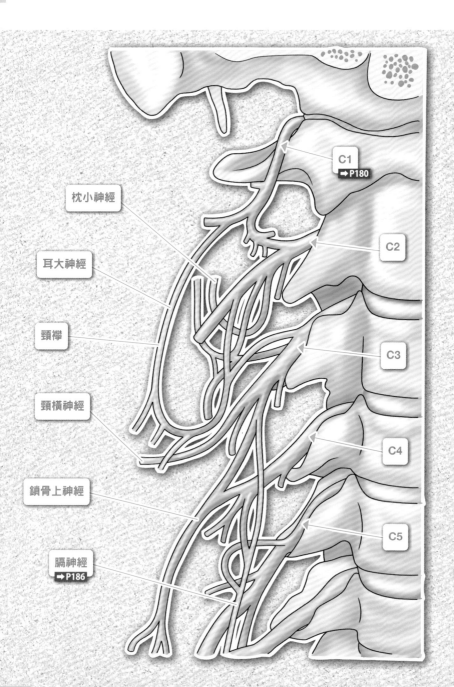

枕小神經

耳大神經

頸襻

頸橫神經

鎖骨上神經

膈神經
➡ P186

C1
➡ P180

C2

C3

C4

C5

脊髓神經分為從脊髓伸出的頸神經（C1~8）、胸神經（T1~12）、
➡P158
腰神經（L1~5）、薦骨神經（S1~5）、尾骨神經（Co1），由來自軀體神經和
➡P158 **➡P158** **➡P158**
交感神經節的交感神經纖維構成。

●頸神經叢【cervical plexus】

由C1~4前支構成的神經叢。

● **頸襻** 由C1~3形成的線狀神經，分布於**舌骨下肌群、甲狀舌骨肌**、頦舌骨肌。

● **枕小神經** 從C3延伸出來、沿著胸鎖乳突肌後方上行，分布於後腦杓（耳廓
後側）的皮膚。
➡P178

● **耳大神經** 分布於下顎角和耳廓的部分皮膚。

● **頸橫神經** 從C2~3延伸出來，分布於前頸部的皮膚。

● **膈神經** 從C3~4延伸出來，沿著胸腔內下行，分布於**橫膈膜**。
➡P186

● **鎖骨上神經** 從C3~4延伸出來，分布於前頸部和肩部皮膚。分為內側支、
中間外側支。

●脊髓神經後支【posterior branches of the spinal nerves】

脊髓神經後支整體並不發達，只有C1~C3較為發達。C3以後的分支分
布於**固有背肌**（夾肌、後鋸肌、豎脊肌、短背肌）和背部的皮膚。

● **枕下神經（C1後支）** 從枕骨和寰椎之間伸出，分布於**枕下肌群**。

● **枕大神經（C2後支）** 脊髓神經後支中最粗的神經，貫通頭半棘肌後分布於
後腦杓的皮膚。

● **第三枕神經（C3後支）** 分布於頸部的皮膚。

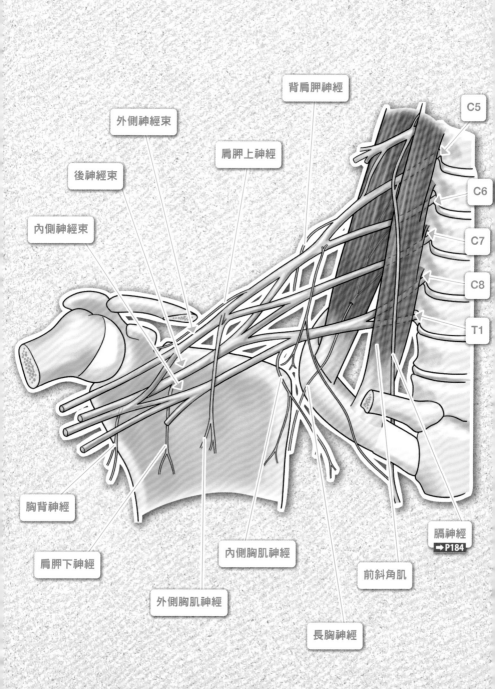

背肩胛神經

外側神經束

肩胛上神經

後神經束

內側神經束

C5

C6

C7

C8

T1

胸背神經

肩胛下神經

內側胸肌神經

外側胸肌神經

長胸神經

前斜角肌

膈神經
→P184

臂神經叢是由脊髓神經的 **C5～8** 和 **T1** 形成。分布於上肢的大多數神經都是來自臂神經叢的分支。 **➡ P184** C5 和 C6 形成**上神經幹**，C7 形成**中神經幹**，C8 和 T1 形成**下神經幹**。這些神經會分岔再匯合變成**外側神經束**、**內側神經束**和**後神經束**，再分布於上肢。

◆ 分布於肩胛骨周圍的分支

- **肌支** 分布於**椎前肌**和**斜角肌**下方的短神經支。
  ➡ P188

- **背肩胛神經（C4～5）** 沿著肩胛骨的背面下行，分布於**提肩胛肌、大・小菱形肌**。

- **長胸神經（C5～7）** 貫通中斜角肌，分布於**前鋸肌**。

- **肩胛上神經（C4～5）** 從外側神經束通過肩胛切跡，分布於**棘上肌**和**棘下肌**。

- **肩胛下神經** 從後神經束延伸出來、沿著肩胛前面下行，分布於**肩胛下肌、大圓肌**。

- **胸背神經（C6～8）** 從後神經束延伸出來、沿著肩胛骨外緣下行，分布於**背闊肌**。

- **鎖骨下肌神經（C5～6）** 分布於鎖骨下肌。

- **外側胸肌神經** 從外側神經束延伸出來，分布於**胸大肌、胸小肌**。

- **內側胸肌神經** 從內側神經束延伸出來，分布於**胸大肌、胸小肌**。

分布於上肢的主要神經（前面）

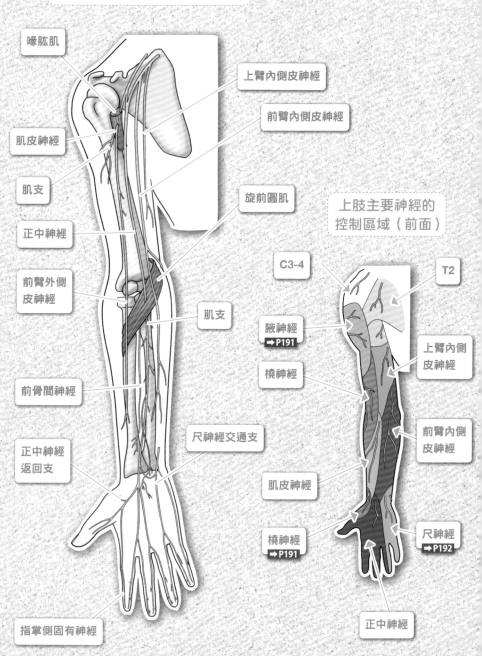

喙肱肌

上臂內側皮神經

前臂內側皮神經

肌皮神經

肌支

旋前圓肌

正中神經

上肢主要神經的控制區域（前面）

前臂外側皮神經

C3-4

T2

肌支

腋神經 ➡P191

橈神經

上臂內側皮神經

前骨間神經

前臂內側皮神經

正中神經返回支

尺神經交通支

肌皮神經

橈神經 ➡P191

尺神經 ➡P192

指掌側固有神經

正中神經

分布於上肢的許多神經都是臂神經叢的分支。

肌皮神經【musculocutaneous nerve】（C5～7）

從外側神經束延伸出來、沿著肱骨前面下行，貫通**喙肱肌**後分出肌支，沿著上臂
➡P186
下降，在肘窩處伸至表層，形成**前臂外側皮神經**，分布於前臂外側下方的皮膚。

● **肌支**　分布於**喙肱肌、肱二頭肌、肱肌**。

● **前臂外側皮神經**　延伸至肘部偏下方的皮下組織後，分布於前臂外側的皮膚。

正中神經【median nerve】（C6～8、T1）

外側神經束和內側神經束的分支匯合後，沿著上臂下行，在前臂通過旋前圓肌的
➡P186
兩頭之間，朝周圍的肌肉分支。在肘窩分岔成的**前骨間神經**則在前臂骨間膜前分
岔出下行的分支，直達旋前方肌。主幹通過**腕隧道**，分布於手掌魚際的肌肉（**外
展拇短肌、屈拇短肌淺頭、拇指對掌肌**）、**蚓狀肌和骨間肌的一部分**，以及拇指內側到
第4指外側的皮膚。這條神經癱瘓就會造成**猿手畸形**。

● **肌支**　通過旋前肌後，數條分支分布於**旋前圓肌、橈側屈腕肌、掌長肌、屈指
淺肌**。

● **前骨間神經**　分布於**屈拇長肌、屈指深肌的一部分**（橈骨側邊），以及**旋前方肌**。

上臂內側皮神經【medial branchial cutaneous】（T1～2）

從內側神經束開始分岔，分布於上臂內側下段的皮神經支。
➡P186

前臂內側皮神經【medial cutaneous nerve of forearm】（C8～T1）

從內側神經束開始分岔，分布於前臂內側的皮神經支。

分布於上肢的主要神經（後面）

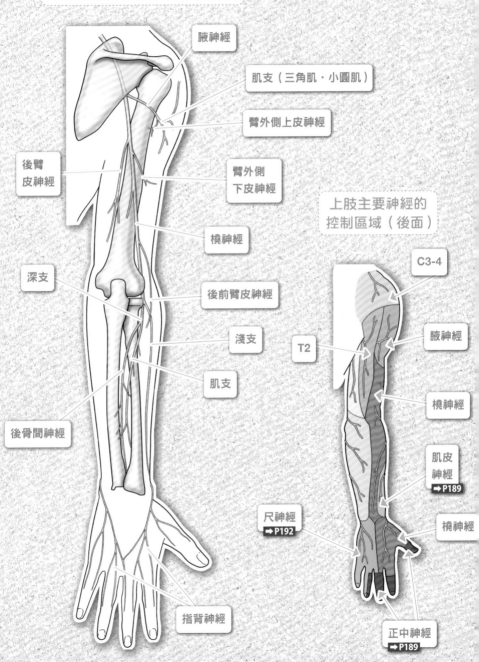

腋神經

肌支（三角肌・小圓肌）

臂外側上皮神經

後臂皮神經

臂外側下皮神經

橈神經

上肢主要神經的控制區域（後面）

C3-4

深支

後前臂皮神經

T2

腋神經

淺支

橈神經

肌支

肌皮神經 ➡P189

後骨間神經

尺神經 ➡P192

橈神經

指背神經

正中神經 ➡P189

●腋神經【axillar nerve】（C5～6）

從臂神經叢的後神經束分岔出來，通過四角空間後繞到肩關節後方，分岔出肌支並分布於肩後方的皮膚。 **➡P186**

- **臂外側上皮神經**　分布於上臂後外側上方的皮神經支。

- **肌支**　分布於**三角肌**和**小圓肌**。

●橈神經【radial nerve】（C6～8、T1）

從臂神經叢的**後神經束**分岔出來，在上臂後面延伸出後臂皮神經、臂外側下皮神經，沿著橈骨後面（橈神經溝）往斜下方延伸。**➡P186** 控制**肱三頭肌**後，通過肘關節的外側前面、分岔出**肘肌**，並在下方分岔出淺支和深支。

- **肌支**　在上臂後面的肱三頭肌分岔出數條分支。

- **後臂皮神經**　分布於上臂後內側的皮神經支。

- **臂外側下皮神經**　分布於上臂後下方外側的皮神經支。

- **後前臂皮神經**　分布於前臂後外側的皮神經支。

- **淺支**　沿著**肱橈肌**下行，末端分布於拇指到第3指之間的手背皮膚（指背神經）。

- **深支**　貫通旋後肌後下行，分布於**旋後肌、橈側伸腕長·短肌、伸指肌、小指伸肌、尺側伸腕肌**。另外，分岔形成的**後骨間神經**則分布於**外展拇長肌、伸拇長·短肌、伸食指肌**。

尺神經和肋間神經

尺神經的分布

肋間神經的分布

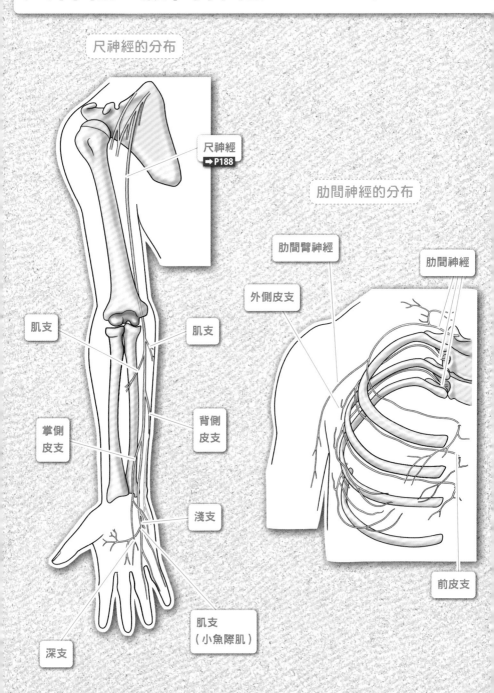

尺神經
➡P188

肌支

肌支

掌側
皮支

背側
皮支

淺支

深支

肌支
（小魚際肌）

肋間臂神經

外側皮支

肋間神經

前皮支

上肢的內側分布著從臂神經叢分岔出來的尺神經,而上臂的內側也分布著肋間神經的分支。 ➡P186

●尺神經【ulnar nerve】
➡P188

從內側神經束延伸出來、沿著上肢的內側下行,通過肘突後在屈指深肌的一部分和尺側伸腕肌分支。 ➡P186 在手部分出淺支和深支,淺支分布於小魚際的皮膚、第四・五指處。這條神經癱瘓就會造成**爪形手畸形**。

- **肌支** 在肘關節下方的**尺側伸腕肌**和**屈指深肌**(尺側纖維)分支。

- **掌側皮支** 分布於前臂手根部尺側的皮膚。

- **背側皮支** 在前臂的中央繞過尺側伸腕肌、到背面往下行,分布於第3指內側到小指的皮膚(**指背神經**)。 ➡P190

- **淺支** 分布於第4指內側和小指的皮膚。

- **深支** 在手掌深層從小指側延伸到拇指側,分布於**小指對指肌、屈小指短肌、外展小指肌、蚓狀肌**(尺側兩條)、**骨間肌、內收拇肌、屈拇短肌深頭**。

●肋間神經【intercostal nerve】

來自胸髓的末梢神經,前支延伸出分布於**肋間肌**的分支,分布於胸部皮膚的前皮支和外側皮支。 ➡P158 有一部分分布於**腹直肌**和**腹外斜肌**。後支則分布於固有背肌和背部的皮膚。

- **肋間臂神經** T2的分支,分布於上臂上段後內側的皮膚。

- **肋下神經(T12)** 沿著側腹壁下行,分布於**腹斜肌**。

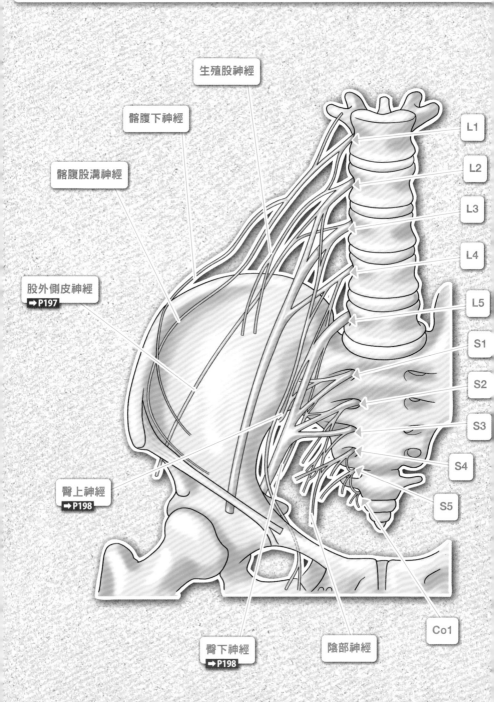

生殖股神經

髂腹下神經

髂腹股溝神經

股外側皮神經
→ P197

臀上神經
→ P198

臀下神經
→ P198

陰部神經

L1
L2
L3
L4
L5
S1
S2
S3
S4
S5
Co1

　　腰薦神經叢包含由T12～L4構成的**腰神經叢**與L4～S5構成的**薦神經叢**，分布於下腹部、骨盆及下肢。腰神經叢從腰大肌下段開始，有部分分支貫通腰大肌後朝前腹壁和下肢延伸。薦神經叢的分支則沿著骨盆腔內下行，分布於臀部和下肢。

◗ 腰神經叢的分支（骨盆周圍）【lumbar plexus】

- **肌支**　分布於**腰方肌、腰大肌、腰小肌**和**髂肌**的一部分。

- **髂腹下神經**　從腰神經叢（T12～L1）伸出，沿著側腹部斜向下行，在**腹斜肌**和**腹橫肌**分支後，延伸至前腹壁下面的皮膚。

- **髂腹股溝神經**　從腰神經叢（T12～L1）伸出，沿著髂嵴在側腹肌之間下行，分布於鼠蹊部的皮膚。

- **生殖股神經**　從腰神經叢（L1～2）伸出後，分成生殖支和股支。生殖支通過腹股溝管延伸到外陰部的皮膚，股支則是分布於鼠蹊部的皮膚。

- **股外側皮神經**　分布於大腿外側的皮膚。
  ➡ P194

- **臀上神經**　從薦骨神經叢伸出，通過梨狀肌上孔後朝臀部延伸，分布於**臀中肌、臀小肌**和**闊筋膜張肌**。
  ➡ P198

- **臀下神經**　從薦骨神經叢伸出，通過梨狀肌上孔後朝臀部延伸，分布於**臀大肌**。
  ➡ P198

◗ 薦神經叢的分支（骨盆周圍）【plexus sacralis】

- **肌支**　分布於**梨狀肌、雙子肌、閉孔外肌**和**股方肌**。

- **陰部神經**　從薦神經叢伸出後通過梨狀肌下孔，再從坐骨小孔回到骨盆，分布於骨盆底肌和會陰部的皮膚。

- **尾骨神經**　分布於尾骨周圍的皮膚。
  ➡ P158

分布於下肢的主要神經（前面）

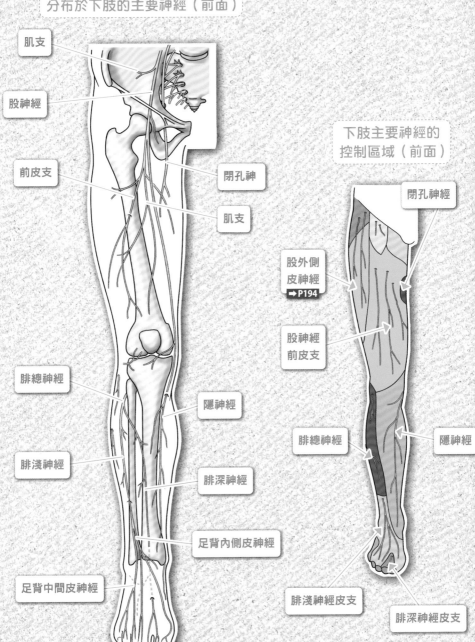

肌支

股神經

前皮支

閉孔神

肌支

下肢主要神經的控制區域（前面）

閉孔神經

股外側皮神經
➡ P194

股神經
前皮支

腓總神經

腓淺神經

腓深神經

足背內側皮神經

足背中間皮神經

隱神經

腓總神經

隱神經

腓淺神經皮支

腓深神經皮支

分布於下肢的多數神經都是腰薦神經叢的分支。

股外側皮神經【lateral cutaneous nerve of the thigh】
➡P194

從腰神經叢（L2～3）伸出，分布於大腿外側的皮膚。

股神經【femoral nerve】（L2～4）

來自腰神經叢的最粗神經，在骨盆的髂腰肌分岔出肌支；通過**肌腔隙**後，分布於大腿前側的肌肉，之後延伸成**潛神經**，分布於小腿內側的皮膚。

● **前皮支**　分岔成多條分支分布於大腿前側的皮膚。

● **肌支**　骨盆內的分支分布於**髂腰肌、腰大肌**。在腹股溝韌帶的高度朝**恥骨肌**分支。通過肌腔隙，朝**股四頭肌、縫匠肌**分支。

● **潛神經**　從大腿內側往小腿內側下行，分布於小腿內側的皮膚，還延伸出髕下支。

閉孔神經【obturator nerve】（L2～4）

通過閉膜管延伸至大腿內側，分布於內收肌群和大腿內側的皮膚。

● **肌支**　在閉膜管的高度分岔，分布於**閉孔外肌**。

● **前支**　在骨盆下端的分岔，分布於**內收長肌、內收短肌、恥骨肌、股薄肌**，末端形成皮支。

● **後支**　在骨盆下端的高度分岔，分布於內收大肌。
➡P109

腓淺神經【superficial peroneal nerve】

在腓骨頭處分岔，分布於**腓骨長肌**和**腓骨短肌**，末端形成**足背內側皮神經**和**足背中間皮神經**。

腓深神經【deep peroneal nerve】

從腓總神經分岔出來，分布於**脛前肌、伸拇長・短肌、伸趾長・短肌**，末端形成趾背神經。

● **趾背神經**　分布於母趾和第2趾相對側的皮膚。

分布於下肢的主要神經（後面）

下肢主要神經的控制區域（後面）

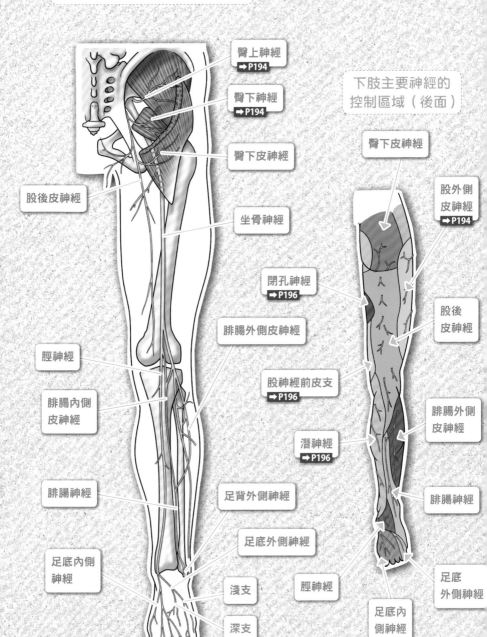

臀上神經 →P194

臀下神經 →P194

臀下皮神經

股後皮神經

坐骨神經

脛神經

腓腸內側皮神經

腓腸神經

足底內側神經

腓腸外側皮神經

股神經前皮支 →P196

閉孔神經 →P196

潛神經 →P196

足背外側神經

足底外側神經

淺支

深支

脛神經

臀下皮神經

股外側皮神經 →P194

股後皮神經

腓腸外側皮神經

腓腸神經

足底外側神經

足底內側神經

股後皮神經【posterior cutaneous nerve of the thigh】
→P194
從薦神經叢伸出,分布於大腿後面的皮膚。

● **臀下皮神經** 分布於臀部的皮膚。

坐骨神經【sciatic nerve】
末梢神經中最粗的神經,分為腓總神經部和脛神經部。神經通過梨狀肌下孔後延伸到大腿後面,中途在大腿後面的肌肉分支,在膕窩稍微偏上方分岔成**腓總神經**和**脛神經**。
→P196

● **肌支(脛神經部)** 分布於**股二頭肌長頭、半腱肌、半膜肌**和**部分的內收大肌**。

● **肌支(腓總神經部)** 分布於**股二頭肌短頭**。

腓總神經【common peroneal nerve】
從大腿下段的坐骨神經分岔出來,並在腓骨頭處分岔成腓淺神經和腓深神經,朝小腿前方延伸。
→P196

● **關節支** 分布於膝關節。

● **腓腸外側皮神經** 從腓總神經分岔出來,沿著小腿後外側的皮下下行,與腓腸內側皮神經匯合後形成**腓腸神經**。
→P196

脛神經【tibial nerve】
分布於小腿後面的**腓腸肌、比目魚肌**等腿後肌群。

● **肌支** 控制**脛後肌、屈足拇長肌、屈趾長肌**。

● **腓腸內側皮神經** 與腓腸外側皮神經匯合後形成腓腸神經。

● **腓腸神經** 由腓腸內側皮神經與腓腸外側皮神經匯合形成,分布於小腿後下方和腳後跟。

● **足底外側神經** 又分為淺支和深支。淺支分布於小趾側的皮膚,深支則分布於**內收足拇肌、骨間肌、蚓狀肌的一部分**。

● **足底內側神經** 控制**外展足拇肌、屈足拇短肌、屈趾短肌**,分布於腳底拇趾側的皮膚。

自律神經系統

【autonomic nerve system】

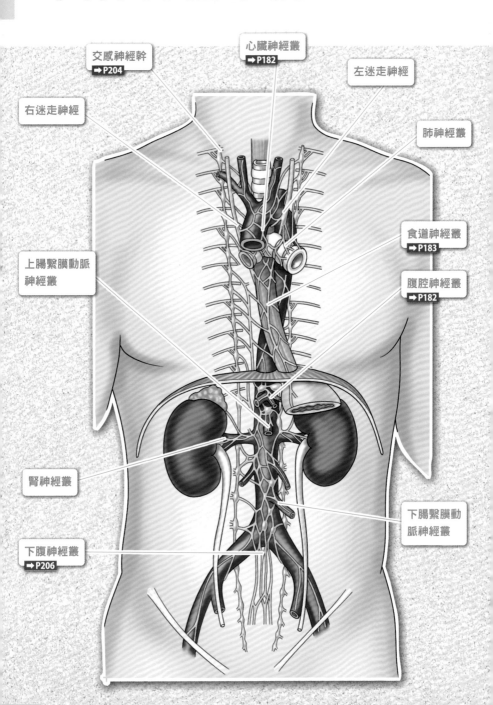

交感神經幹
➡P204

心臟神經叢
➡P182

左迷走神經

右迷走神經

肺神經叢

食道神經叢
➡P183

上腸繫膜動脈
神經叢

腹腔神經叢
➡P182

腎神經叢

下腸繫膜動脈神經叢

下腹神經叢
➡P206

自律神經系統是由**交感神經系統**與**副交感神經系統**構成。這兩種神經控制
　　　　　　　　⇒P202　　　　　　　⇒P206
著各個器官，其機能會互相拮抗。交感神經的中樞在於胸髓（T1～12）‧腰
　　　　　　　　　　　　　　　　　　　　　　　　⇒P158
髓（L1～2），在身體面對負荷時發揮功能。副交感神經的中樞則位於腦幹‧
　　　　　　　　　　　　　　　　　　　　　　　　　　　⇒P144
薦髓（S2～4），在身體靜養時發揮功能。這些神經在食道和主動脈周圍形成
⇒P158　　　　　　　　　　　　　　　　　　⇒P21　　⇒P84
神經叢，並分岔延伸至各個內臟。

內頸動脈神經叢【internal carotid plexus】
　　　　⇒P204
　　由交感神經纖維形成的神經叢，分支延伸分布於虹膜和睫狀肌。
　　　　　　　　　　　　　　　　　　　　⇒P64　　　⇒P65

心臟神經叢【cardiac plexus】
　　⇒P182
　　頸神經節、上方的胸神經節伸出的交感纖維，與迷走神經的分支匯合後，
　　　　　　　　　　　　　　　　　　　　　　⇒P182
延伸出分布於心臟的分支。
　⇒P84

肺神經叢【pulmonary plexus】
　　接收交感與副交感神經的分支，分布於支氣管和肺。
　　　　　　　　　　　　　　　　　⇒P42　⇒P44

食道神經叢【esophageal plexus】
　　在食道表面形成的混合性神經叢。

腹主動脈神經叢【abdominal aortic plexus】
　　沿著腹主動脈形成的許多神經節的總稱，又稱作**太陽神經叢**。

● **腹腔神經叢**　　最大的神經叢，將節後纖維送往腹部臟器。
　　⇒P182

● **上腸繫膜動脈神經叢**　　延伸至小腸和進端大腸。
　　　　　　　　　　　⇒P26　　　⇒P28

● **下腸繫膜動脈神經叢**　　延伸至遠端大腸。

● **腎神經叢**　　朝腎臟和腎上腺分支。
　　　　⇒P52　　⇒P76

下腹神經叢【hypogastric plexus】
　　⇒P206
　　分為下腹上神經叢和下腹下神經叢，分布於骨盆中的臟器。
　　　　　　　　　　　　⇒P204

交感神經①

【sympathetic nervous syst

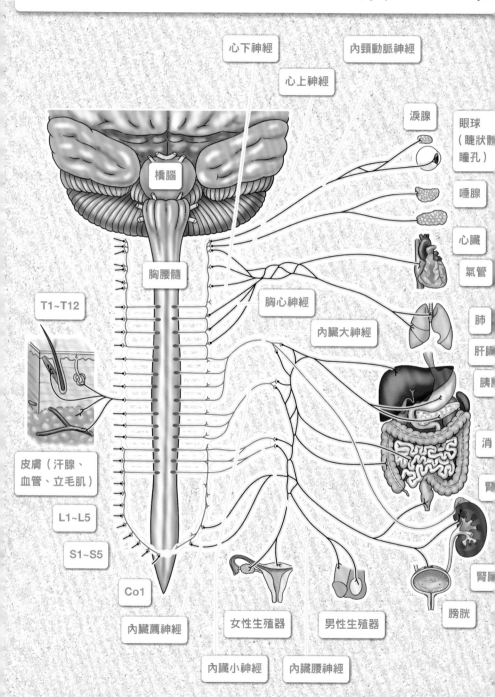

心下神經　　　　內頸動脈神經

心上神經

橋腦

淚腺

眼球（睫狀體、瞳孔）

唾腺

心臟

氣管

胸腰髓

T1~T12

胸心神經

內臟大神經

肺

肝臟

胰臟

皮膚（汗腺、血管、立毛肌）

消

L1~L5

腎

S1~S5

腎臟

Co1

膀胱

內臟薦神經　　女性生殖器　　男性生殖器

內臟小神經　　內臟腰神經

交感神經纖維始於脊髓的灰質，隨著脊髓神經通向**椎旁神經節**，接著又分
　　　　　　　　　　　　➡P161　　　　➡P184
成轉向節後纖維的神經纖維，及通向椎前神經節後直達內臟的纖維。

●交感神經幹【sympathetic trunk】

構造上是沿著脊柱的兩側縱行，由轉換神經元的神經節（**椎旁神經節**）連接
而成。轉換後的神經元會形成獨立的纖維束，包含分布於內臟上的及隨著
脊髓神經分布於**皮膚**（汗腺、立毛肌、末梢血管）的纖維。
　➡P184　　　　　　　➡P80

● **內頸動脈神經**　從上頸神經節伸出，沿著內頸動脈形成神經叢，朝眼球和
　　　　　　　　　　　　➡P204　　　　　　　　　　➡P94　　　　　　　　　➡P64
　　　　　　　　　　涙腺延伸。
　　　　　　　　　　➡P65

● **心上神經**　從上頸神經節延伸到心臟神經叢的分支。
　　　　　　　　➡P204　　　　　　　➡P200

● **心下神經**　從下頸神經節延伸到心臟神經叢的分支。
　　　　　　　　➡P204　　　　　　　➡P200

● **胸心神經**　從第2～4胸神經節伸出，朝心臟神經叢延伸。

● **內臟大神經**　有朝腹腔神經節延伸的節前纖維通過。
　　　　　　　　　　➡P204

● **內臟小神經**　有朝上腸繫膜動脈神經節延伸的節前纖維通過。
　　　　　　　　　　➡P204

● **內臟腰神經**　有從交感神經幹延伸到腹主動脈神經叢、下腸繫膜動脈神經節
　　　　　　　　　　➡P206　　　　　　　　　　➡P201
　　　　　　　　　的節前纖維通過。

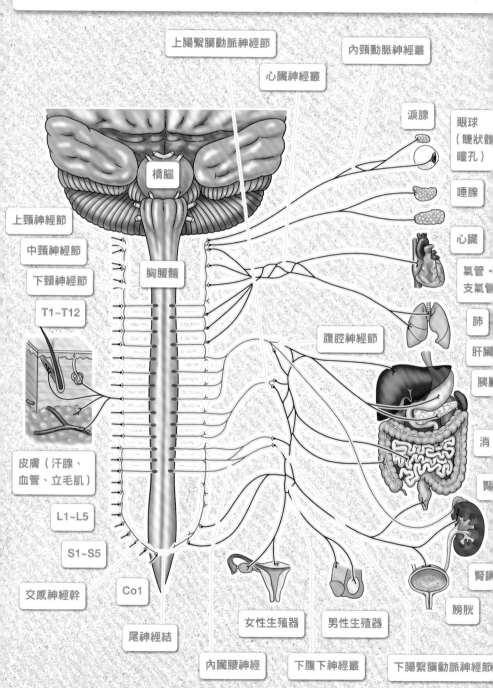

上腸繫膜動脈神經節

心臟神經叢

內頸動脈神經叢

淚腺

眼球
（睫狀體
瞳孔）

橋腦

唾腺

上頸神經節

心臟

中頸神經節

胸腰髓

下頸神經節

氣管・
支氣管

T1~T12

肺

腹腔神經節

肝臟

胰臟

皮膚（汗腺、
血管、立毛肌）

消

腎

L1~L5

S1~S5

腎臟

交感神經幹

Co1

膀胱

尾神經結

女性生殖器

男性生殖器

下腸繫膜動脈神經叢

內臟腰神經

下腹下神經叢

◆ 主要的神經節

● 上頸神經節【superior cervical ganglion】

延伸出往頭部及心臟的節後纖維。
➡P84

● 中頸神經節【middle cervical ganglion】

延伸出分布於心臟、氣管、肺的節後纖維。
➡P42　➡P44

● 星狀神經節【stellate ganglion】

　　由**下頸神經節**與第一胸神經節合成，延伸出分布於心臟、氣管、肺的 ➡P84　➡P42　➡P44
節後纖維，和迷走神經的分支一起形成心臟神經叢、肺神經叢。
➡P182　　　　　　　　➡P200　　➡P200

● 腹腔神經節【celiac ganglia】

延伸出分布於上腹部臟器的節後纖維。

● 上腸繫膜動脈神經節【superior mesenteric ganglion】

延伸出分布於小腸和大腸的節後纖維。
➡P26　➡P28
※進入腸內的纖維與副交感神經纖維一同形成肌內神經叢（奧氏神經叢）。
➡P27

● 下腸繫膜動脈神經節【inferior mesenteric ganglion】

延伸出分布於骨盆內臟的節後纖維。

● 尾神經節【ganglion impar】

由左右交感神經幹在下端匯合形成。
➡P206

副交感神經

【parasympathetic nervous syst

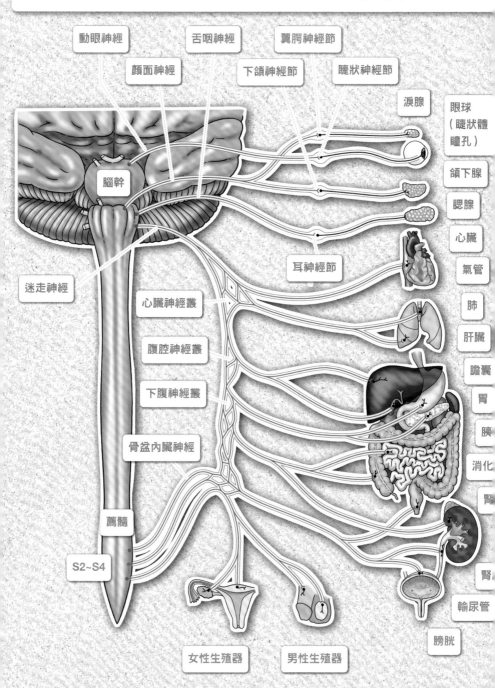

動眼神經

顏面神經

舌咽神經

下頜神經節

翼腭神經節

睫狀神經節

淚腺

眼球
（睫狀體
瞳孔）

頜下腺

腦幹

腮腺

心臟

迷走神經

耳神經節

氣管

肺

心臟神經叢

肝臟

腹腔神經叢

膽囊

下腹神經叢

胃

骨盆內臟神經

胰

消化

薦髓

腎

S2~S4

腎

輸尿管

女性生殖器

男性生殖器

膀胱

副交感神經纖維會沿著部分腦神經以及骨盆內臟神經，通往各個器官。動
➡P172
眼神經、顏面神經、舌咽神經延伸出的纖維，會在途中的神經節轉接到節後
➡P172　　➡P176　　➡P180
纖維，延伸到各個器官。而迷走神經和骨盆內臟神經的纖維，則會在各器官
➡P182
內轉接到節後纖維。

動眼神經【oculomotor nerve】
➡P132
　　副交感纖維始於中腦的動眼神經副核，中途分岔後，在**睫狀神經節**轉接，
➡P144　　　　　　➡P148　　　　　　　　　　　　　　➡P172
延伸至**瞳孔括約肌**、**睫狀肌**。
➡P65　　➡P65

顏面神經【facial nerve】
➡P176
　　副交感纖維始於延腦的上泌涎核，分成形成**大岩神經**後、在**翼腭神經節**轉
➡P150　　　　　　　　➡P176　　　　　　➡P176
接延伸至淚腺和鼻腺的神經，以及形成**鼓索神經**後、在**頜下神經節**轉接延
➡P65　　　　　　　　　　　　➡P176　　　　　　➡P176
伸至舌下腺和頜下腺的神經。
➡P19　　➡P19

舌咽神經【glossopharyngeal nerve】
➡P180
　　副交感纖維始於延腦的下泌涎核，中途形成**小岩神經**，行經**耳神經節**後延
➡P146　　　　　　　　　　➡P180
伸至腮腺。
➡P19

迷走神經【vagus nerve】
➡P182
　　包含在迷走神經內的副交感纖維，始於延腦的迷走神經背核，與交感神經
➡P144　　　　➡P152
纖維匯合後形成神經叢，分布於胸部臟器和腹部臟器（遠端大腸除外），在各
臟器內轉換神經元。另外，腸道內也形成肌內神經叢（奧氏神經叢）和黏膜下
➡P27
神經叢。
➡P27

骨盆內臟神經【pelvic splanchnic nerves】
　　從薦髓伸出，分布於直腸、膀胱、生殖器的副交感纖維。
➡P158　　　　　➡P28　　➡P50　　➡P58

索引（中文索引）

＊粗體字代表插圖頁。

208

（中文索引）

＊粗體字代表插圖頁。

九劃

（中文索引）

＊粗體字代表插圖頁。

索 引（英語索引）

【作者簡介】

飯島治之

北海道復健大學校解剖學講師。1979年3月畢業於北海道大學理學部，同年4月進入東京女子醫科大學解剖學教室。1992年於該室取得博士學位。2004年成為同校看護學部副教授。2012年擔任德寺大學客座教授後就任現職。

飯島美樹

北海道科學大學醫療學部護理學科教授。東京女子醫科大學護理短期大學畢業後，任職於東京女子醫科大學醫院腎臟病綜合醫療中心（腎臟外科・泌尿科）。Hawaii Loa College（現為夏威夷太平洋大學）護理學學士，東海大學醫學科技研究所碩士，人類綜合科學大學人類綜合科學研究所身心健康科學博士。在任職於東京女子醫科大學護理學部、東京有明醫療大學護理學部後就任現職。

裝幀・本文設計・DTP	清原一隆 (KIYO DESIGN)
插畫	小堀文彦、まついつかさ

圖解內臟・神經・循環系統
醫護專業的解剖學精要

出　　　　版／楓葉社文化事業有限公司
地　　　　址／新北市板橋區信義路163巷3號10樓
郵 政 劃 撥／19907596　楓書坊文化出版社
網　　　　址／www.maplebook.com.tw
電　　　　話／02-2957-6096
傳　　　　真／02-2957-6435
作　　　　者／飯島治之、飯島美樹
翻　　　　譯／陳聖怡
責 任 編 輯／陳鴻銘
內 文 排 版／洪浩剛
港 澳 經 銷／泛華發行代理有限公司
定　　　　價／420元
初 版 日 期／2023年11月

國家圖書館出版品預行編目資料

圖解內臟・神經・循環系統 醫護專業的解剖學精要 / 飯島治之, 飯島美樹作. 陳聖怡譯. -- 初版. -- 新北市：楓葉社文化事業有限公司, 2023.11　面；　公分
ISBN 978-986-370-613-7（平裝）

1. 人體解剖學 2. 內臟 3. 神經系統
4. 心血管系統

394　　　　　　　　　　　　112016746